Elettrocoltura
Guida Pratica

Coltivare con l'elettrocoltura : Guida pratica alle tecniche di elettrocoltura passiva e alle loro applicazioni

Le soluzioni che ogni agricoltore e orticoltore dovrebbe conoscere per otte-nere degli enormi raccolti di cibi salutari con un elevato apporto di energia vitale e principi nutritivi. Come realizzare efficacemente le tecniche che permettono di moltiplicare i raccolti e renderli super salutari.

YANNICK VAN DOORNE, Agronomo

con il contributo di ANGELA DURANTE

Traduzione di GILLES MATTIOLA

Edizioni Isidorus

1

Indice riassuntivo dei contenuti

Edizioni Isidorus, Yannick Van Doorne Tel 0688086894, Route du Climont, 67420 Ranrupt, Francia www.electroculturevandoorne.com
Edizione in bianco e nero

Illustratori : Adrien Frappreau, Theo Ezechiels, Yannick Van Doorne, Emmanuelle Jacot
Foto: Yannick Van Doorne, Angela Durante
Completato da immagini gratuite di Pexels e Pixabay

Deposito legale: Aprile 2024
ISBN 978-2-494659-15-5
Ean 9782494659155

Grazie

Il ringraziamento va a un team stellare di professionisti che hanno spostato le montagne per dare vita a questo libro.

Adrien Frappreau, illustratore
Theo Ezechiels, illustratore
Emmanuelle Jacot, illustratrice della copertina del libro
Ai nostri Sostenitori

E grazie a TE, lettore, per essere stato magnetizzato da questo scritto.

PREFAZIONE DEL TRADUTTORE

Quando ho iniziato a studiare l'elettrocoltura in Italia, purtroppo, non esistevano testi o documentazioni che soddisfacessero appieno la mia crescente curiosità. Ricercavo sempre più dettagli su come si potessero fare le cose perchè la materia era per me sconosciuta anche se affascinante. Ho quindi iniziato a studiare il materiale che trovavo soprattutto in Francia, in particolare quello che Yannick Van Doorne condivideva nelle reti sociali. E' stata quella la solida base da cui sono partito nei miei studi e nelle mie sperimentazioni. Il mio ringraziamento va quindi a Yannick per essere stato il principale fautore della riscoperta dell'elettrocoltura in epoca moderna e soprattutto per aver condiviso con generosità le sue ricerche. Questo ha rappresentato per me la possibilità di iniziare a mettere in pratica ciò che apprendevo.

Ciò che ho sempre apprezzato nella sua divulgazione era il messaggio semplice ma mirato a rendere le persone autonome nella costruzione dei propri dispositivi. In questo momento storico reputo fondamentale il fornire informazioni pratiche e procedure mirate a rendere le persone sempre più autonome. Questo testo risponde a questi requisiti, è infatti un manuale che spiega come si possa attuare in modo semplice l'elettrocoltura. Chiunque leggendolo troverà degli spunti utili e le istruzioni per realizzare le proprie installazioni.

Sono grato di essere stato scelto da Yannick per curare questo libro in lingua italiana. Queste pagine colmano un grande vuoto nella nostra letteratura. Ad oggi, non era infatti ancora stato pubblicato nel nostro paese un manuale pratico così completo su questo tema che comprendesse una così vasta gamma di applicazioni. Credo che questo testo possa rappresentare un'importante possibilità di crescita sia per gli agricoltori professionisti che per gli appassionati dell'orticoltura.

Non avrei mai immaginato quando ho iniziato a mettere in pratica l'elettrocoltura che sarebbe diventata il mio lavoro principale oltre che la mia grande passione. Non soltanto ha cambiato la mia vita ma ha reso il lavoro nell'orto sempre più avvincente e mi ha fatto ritrovare l'entusiasmo per la scoperta che avevo da bambino. E' questo che mi auguro possa accadere a tutti i lettori. Confido che l'elettrocoltura possa diffondersi sempre di più e sono molto felice che tutti oggi in Italia possano finalmente attingere a queste conoscenze anche senza dover per forza conoscere una lingua straniera.

Sono sicuro che questo libro rappresenterà il primo passo di un cammino che vi condurrà a rendere sempre più produttive le vostre coltivazioni, vi aprirà ad una nuova consapevolezza sulle forze naturali che consentono la vita ma soprattutto, vi darà tante possibilità di sperimentare interessantissime tecnologie e tanta gioia nel farlo. La stessa gioia del bambino che è ancora dentro di voi ed aspetta soltanto di uscire per finalmente cominciare a giocare con antenne, torrette, anelli, spirali e molto altro.

Vi auguro una piacevole lettura e che possiate innamorarvi di queste tecniche, come è capitato a me.

Gilles Mattiola

PREFAZIONE

Sono lieto di presentare questa prima guida pratica alle tecniche di elettrocoltura. Naturalmente non comprende tutte le tecniche, ma contiene una selezione delle più note, pratiche ed efficaci. Si tratta di un riferimento assoluto in quest'ambito, perché non è mai esistita una guida così completa e dettagliata, riguardante lo sviluppo dell'elettrocoltura.

Il libro fornisce delle risposte concise e pratiche alle domande più frequenti. Quale antenna funziona meglio? Come si crea un'antenna atmosferica? Dove installare una torre paramagnetica? Quali risultati posso aspettarmi da un'antenna magnetica? Devo usare del rame o dell'alluminio per il collegamento all'antenna?

L'obiettivo di questo libro è di offrire delle procedure pratiche ed accessibili a tutti, orticoltori ed agricoltori. Mi sono appassionato di questo argomento oltre due decenni fa, nel 1998, e ho assiduamente sperimentato queste tecniche negli orti e nei terreni agricoli. Questo libro è una sintesi della mia esperienza pratica, che vi permetterà di imparare e progredire ancora più rapidamente di quanto non abbia fatto io ai miei inizi, quando nessuno aveva ancora intrapreso questo cammino. Avrei voluto trovare un libro come questo quando ho iniziato, sarebbe stato molto più facile e mi avrebbe risparmiato molti errori e tentativi falliti.

In questo libro troverete, divisi tecnica per tecnica, le istruzioni sul come realizzare i dispositivi e installarli per ottenere i migliori risultati. Ogni tecnica è stata ampiamente illustrata con disegni e foto. La maggior parte dei disegni sono autentici e fatti a mano. Le foto provengono generalmente dal mio orto o da quello di amici ed agricoltori che praticano l'elettrocoltura. Ogni capitolo comprende una sezione «testimonianze», che segue la sezione «come si fa», dandovi la possibilità di leggere molte esperienze fatte sul campo, per aiutarvi ad avere una visione realistica degli effetti per ciascun dispositivo.

Lo scopo di questo libro non è quello di fornire una panoramica storica o scientifica delle varie tecniche. Questo sarà oggetto di altri libri e video futuri, altrimenti il libro sarebbe stato troppo voluminoso e meno fruibile dal punto di vista pratico.

Tuttavia a volte viene spiegato in modo molto sintetico il funzionamento delle tecniche proposte attraverso disegni o schemi, il minimo indispensabile per capire il funzionamento di base della costruzione e dell'installazione dei dispositivi.

Ho voluto proporvi un manuale pratico, in modo che possiate mettere in pratica subito queste tecniche nelle vostre coltivazioni senza alcun indugio o dubbio. Il modo migliore per ottenere risultati è iniziare a fare pratica il prima possibile. Molti orticoltori non sono necessariamente dei grandi lettori, ma sono ottimi artigiani e amanti del fai-da-te, per questo ho voluto scrivere un libro di stampo pratico, con poche informazioni scientifiche o ipotesi operative a volte troppo teoriche. Vi auguro di raccogliere in abbondanza frutta e verdura deliziosa grazie alle vostre applicazioni di elettrocoltura.

Le tecniche di elettrocoltura agiscono sul campo elettromagnetico, magnetico ed elettrico del terreno e delle piante, ottimizzandolo per migliorare la fertilità e la crescita. Si tratta di un aspetto poco conosciuto ma essenziale per ottimizzare la fertilità del suolo e la crescita delle colture. L'elettrocoltura è il campo che si prefigge di studiare e approfondire questo aspetto: nel momento in cui vi prestiamo attenzione e miglioriamo queste energie, spesso possiamo osservare risultati straordinari in termini di qualità e quantità che prima non potevamo neppure immaginare. Questo non ci impedisce di continuare a lavorare con le tecniche di coltivazione convenzionali per migliorare il suolo e la fertilità; le tecniche di elettrocoltura possono essere adattate a qualsiasi forma di coltivazione e sono perfettamente complementari, migliorandone ulteriormente i risultati.

Nel corso degli anni, la mia passione per tutto ciò che ha a che fare con l'elettrocoltura non si è mai spenta e sono sempre felice quando i lettori o altri appassionati condividono i loro risultati, le foto delle loro osservazioni, i consigli ed i trucchi, le domande e persino le nuove idee. Alcune tecniche sono state migliorate nel tempo grazie alle discussioni e alle scoperte della comunità. Il principale centro di ricerca per lo sviluppo dell'elettrocoltura si trova nei nostri orti e accresce grazie agli agricoltori appassionati, ed è insieme che facciamo progressi con queste tecniche attraverso le nostre prove, le nostre condivisioni ed i nostri scambi. In un certo senso, siamo tutti pionieri di un nuovo mondo, o meglio di un vecchio mondo che stiamo riscoprendo, come bambini un po' cresciuti che esplorano con meraviglia nuovi panorami.

Gli anni di esperienza e di studio dell'elettrocoltura mi hanno permesso di mettere a punto nuove tecniche e dispositivi come l'antenna magnetica cilindrica, i bastoncini a doppia spirale, il dinamizzatore d'acqua e di semi a campo magnetico pulsato e il cono paramagnetico che troverete in questo libro. Ci sono anche vecchie tecniche alle quali ho apportato significativi miglioramenti e progressi tecnici, sia nella loro fabbricazione che nella loro applicazione, per renderle più efficaci. Questo ha reso vecchie tecniche, un tempo ritenute impraticabili, più interessanti ed attraenti nel contesto odierno. Per citarne solo alcune, c'è l'asta telescopica per le antenne atmosferiche, che ha il grande vantaggio di essere veloce ed economica da installare, e permette di guadagnare molta altezza con un peso minimo, aumentando notevolmente il suo raggio d'azione, rispetto a prima, quando si usavano costosissimi pennoni o alberi da barca, o pali di legno come quelli dell'elettricità o del telefono, che erano pesanti e difficili da installare. Ho anche aggiunto una vite di sostegno dove far scorrere il palo telescopico dell'antenna atmosferica e facilitarne la messa in posizione, il che significa che l'antenna può essere installata e rimossa in modo rapido ed efficiente sia negli orti che nei terreni più grandi. Ho poi ottimizzato il processo di fabbricazione delle torri rotonde, di cui ho progettato una versione con cemento e basalto paramagnetico, oltre all'aggiunta di spirali e di un quarzo, che si è rivelato estremamente efficace sulle piante rispetto a tutti i metodi precedenti, e che mi ha permesso di contribuire alla realizzazione di ortaggi e fiori giganti che hanno vinto premi francesi da record per diversi anni consecutivi. In questi anni è stato anche realizzato il tubo riempito di basalto paramagnetico per dinamizzare l'acqua per l'irrigazione o, più precisamente, per trattare l'acqua naturalmente con il magnetismo.

Elencare e spiegare in dettaglio ogni invenzione o nuovo processo sarebbe di per sé l'argomento di un libro. In futuro saranno oggetto di altri documenti, video e libri. Rimando il lettore ai miei canali «youtube» e «odysee» dove si trovano già più di 300 video oltre ai miei siti web dove sono riportate oltre 500 pagine A4, dove viene spiegata in modo dettagliato e appassionato l'elettrocoltura nei suoi vari aspetti.

Negli anni ho avuto tanti momenti di solitudine, tante incomprensioni da parte dei professionisti e delle persone intorno a me, quando ho provato per la prima volta a far conoscere al mondo queste tecniche e successivamente quando sono emerse varie persone che si sono presi il merito delle mie scoperte. Nonostante i fallimenti e gli errori che mi hanno a volte scoraggiato, i miei sforzi, il duro lavoro e la perseveranza hanno dato i loro frutti. Ecco quindi che in queste pagine potrete finalmente conoscere la storia delle varie tecniche, capire meglio come funzionano, come si sono sviluppate e come vengono utilizzate. Sono certo che comprendere questi processi evolutivi vi aiuteranno a migliorarle ulteriormente.

Vorrei ringraziare in particolare Angela Durante, che mi ha aiutato molto a riassumere e sintetizzare i miei manoscritti e a trasformarli in un libro pratico. Desidero inoltre ringraziare gli amici di lunga data che mi hanno sostenuto e ad alcuni dei quali sono molto grato per il loro contributo a questo libro.

Vorrei anche ringraziare la mia famiglia, in particolare mia moglie e le mie figlie, che mi incoraggiano a diventare un padre migliore ogni giorno, che mi aiutano a meravigliarmi della vita in ogni momento, dimostrando responsabilità e perseverando nel mio lavoro per migliorare le possibilità delle generazioni future in ambito agricolo. Spero che la mia missione e il mio lavoro siano in linea con il piano di Dio, il nostro Creatore, che non ringrazierò mai abbastanza per tutto l'amore, le meraviglie e le grazie che ci concede.

L'obiettivo di questo libro è quello di incoraggiarvi a mettere in pratica queste tecnologie nei vostri orti e terreni di coltura. È chiaro che siamo ancora all'inizio dello sviluppo delle tecniche di elettrocultura e che il suo potenziale è pressochè infinito. Non c'è dubbio che nei prossimi anni emergeranno nuove scoperte e tecniche, il che rende questo argomento ancora più entusiasmante. Tutti noi possiamo partecipare a questo sviluppo per creare nuove soluzioni alle sfide dell'agricoltura odierna.

Sono certo che ci aspettano ancora tante altre avventure e scoperte!
Confido che l'elettrocoltura vi appassioni!

Yannick Van Doorne, 2 marzo 2024

INTRODUZIONE

Da qualche parte, al confine tra il mondo visibile e quello invisibile, si sprigionano forze così sottili che spesso vengono completamente ignorate. Certo, queste forze sono poco conosciute, ma se state leggendo questo libro, è perchè le avete viste o percepite, infatti si presentano nella nostra vita in svariati modi. Le forze elettriche e magnetiche naturali del pianeta, come tutte le forze piccole e costanti, influenzano e sostengono la vita e rievocano in noi una sorta di memoria ancestrale. Queste forze non sono per nulla una novità; siamo noi che siamo nuovi a questa esperienza, stiamo infatti tornando all'antica consapevolezza del fatto che siamo intimamente connessi alla nostra terra e che le sue energie la attraversano e danno vita a tutti gli esseri viventi.

Che cos'è l'elettrocoltura ?

L'elettrocoltura è un termine generico che comprende anche altri nomi come magnetocoltura, agricoltura energetica, elettroorticoltura, elettroagricoltura, elettri-coltura, elettroapicoltura e agricoltura cosmotellurica, che comprendono l'integrazione della conoscenza delle correnti elettromagnetiche naturali con la coltivazione di alimenti e l'allevamento di animali.

Esistono due filoni principali di tecniche di elettrocoltura. Un gruppo si occupa delle tecniche di elettrocoltura passiva, che utilizzano le energie sottili, elettriche, magnetiche ed elettromagnetiche naturali che ci circondano. L'altro gruppo si occupa delle tecniche di elettrocoltura attiva che incorporano l'elettricità artificiale, prodotta dall'uomo con macchine, i generatori ed i dispositivi elettronici. In questa guida esploreremo le tecniche di elettrocoltura passiva, che sono rispettose della natura, sostenibili ed in genere danno risultati migliori.

Etimologia di una parola in evoluzione

Studiando le origini della parola elettrocoltura, scopriamo che «elettro» deriva da «electrum», che significa ambra/elettricità, e «coltura» deriva dal latino «co- lere», che significa «onorare». Nella parola agricoltura, «agris» significa «terra» e quindi agricoltura significa «onorare la terra». L'elettrocoltura, quindi, potrebbe essere vista come un modo per onorare l'elettricità. Questo ambito che viene onorato, in realtà, non comprende solo l'elettricità, ma anche le onde, le energie sottili, il magnetismo e tutte le energie apparentemente invisibili. Il territorio di studio dell'elettrocoltura è, in sostanza, lo studio delle energie in agricoltura e nel giardinaggio. Alcuni dei primi ricercatori dei fenomeni elettrici sono stati i monaci cristiani e gli abati che si dedicavano a ricercare quell'aspetto dell'elettricità che anima la vita. Hanno cercato di comprendere l'arcano dell'energia che discende dal cielo con i fulmini nonchè gli effetti stimolanti della pioggia e dei temporali sulla crescita e sulla salute delle piante. Nello studio della misteriosa energia vitale insita nelle piante e negli animali, possiamo vedere come la loro missione di «onorare la forza vitale» o «onorare l'energia vitale» sia l'elemento cardine del loro lavoro.

Attraverso il lavoro di elettrocoltura ci alterniamo tra le energie sottili e le loro manifestazioni nel mondo materiale, che si esprimono nella fertilità del suolo e nella crescita delle piante. Già diversi secoli fa si era capito che le energie sottili eteriche ci circondano e possono avere un'influenza significativa sull'evoluzione e sul manifestarsi della vita. Questa antica conoscenza e consapevolezza è stata a lungo trascurata, in alcuni ambiti persa e persino soppressa. Ora sta riprendendo vita con la riscoperta e la divulgazione delle tecniche di elettrocoltura. È come se tale sapere fosse rinato e si stesse sviluppando sotto i nostri occhi. Grazie a questo lavoro, anche voi diventerete un tramite per le energie sottili con cui entrerete in connessione e, come queste si manifestano nelle piante, si manifesteranno in voi.

Immergersi nelle onde: la risonanza di Schumann

Tutta la vita sulla terra si è evoluta per milioni di anni in presenza delle onde di Schumann. Così come ci immergiamo nell'acqua per purificarci, in questo pianeta ci immergiamo nelle onde naturali della terra per prosperare e crescere.

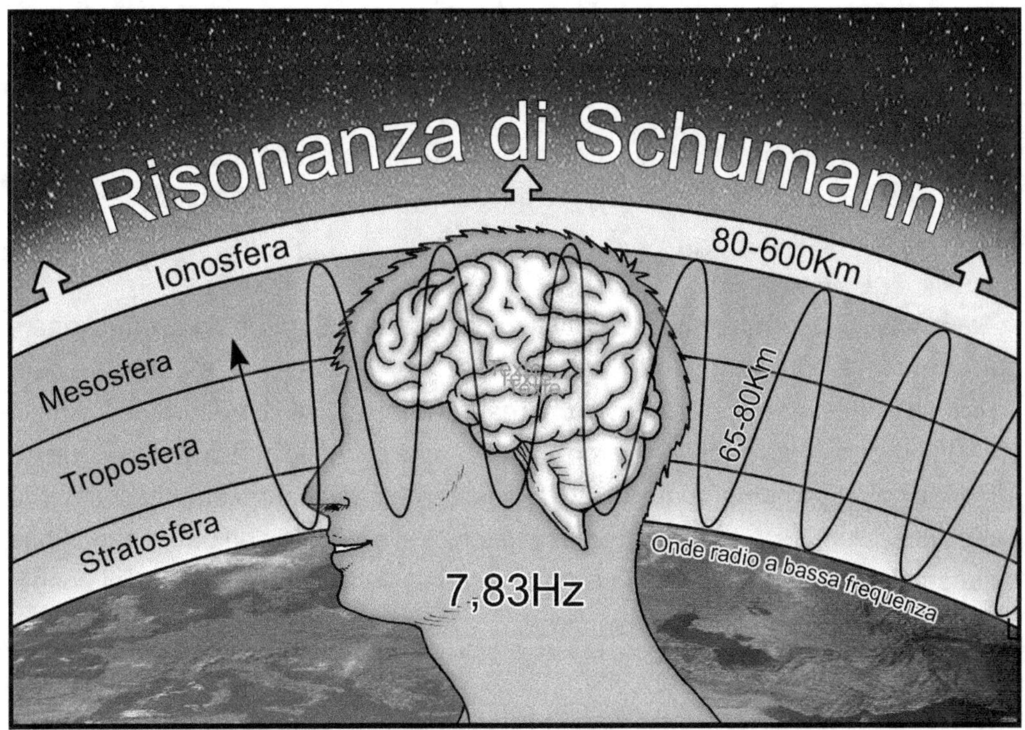

Figura 1: Le onde di Schumann vengono misurate con la pratica dell'elettroencefalografia, in cui l'attività elettrica del cervello viene misurata con sonde costituite da bobine magnetiche posizionate sul cranio. Phillip S. Callahan ha sviluppato un dispositivo di misurazione, il Picram, che consente di misurare queste onde su qualsiasi superficie di un oggetto o dispositivo.

Tutta la vita sulla terra si è evoluta per milioni di anni in presenza delle onde di Schumann. Così come ci immergiamo nell'acqua per purificarci, in questo pianeta ci immergiamo nelle onde naturali della terra per prosperare e crescere.

Le onde di Schumann sono onde radio a bassa frequenza emesse costantemente dal pianeta terra; noi ne siamo continuamente immersi. Presero il nome dal fisico tedesco Winfried Otto Schumann, che ne calcolò e ipotizzò l'esistenza negli anni Cinquanta, ma ci vollero altri dieci anni perché venissero osservate ufficialmente. È interessante notare che anche il cervello umano agisce in questa banda di onde elettromagnetiche a radiofrequenza. L'attinenza tra le frequenze naturali delle onde radio terrestri e le frequenze specifiche proprie dell'attività cerebrale è piuttosto evidente. È stato misurato che le persone con talenti o capacità altamente sviluppate pranoterapiche, di medianità, chiaroveggenza o telepatia, hanno un'attività cerebrale più orientata alle onde di risonanza Schumann ed in armonia con queste frequenze. La sensazione di avere il pollice verde, di percepire i bisogni delle piante o di essere in connessione con la natura che ci circonda potrebbe essere in qualche modo legata a queste capacità? La ricerca scientifica sta iniziando a scoprire l'importanza di queste onde per il corretto funzionamento della salute e della crescita delle piante, ma anche degli insetti, degli animali e persino degli esseri umani.

Tutta la vita sulla terra capta ed è connessa alle onde di Schumann per funzionare correttamente. L'inquinamento elettromagnetico, di intensità molto superiore all'immersione naturale di onde di Schumann, tende a disturbare tutte le forme di vita, un po' come una nebbia elettromagnetica che ci impedisce di vedere. Questo influisce negativamente su tutta la vita sulla terra, provocando un indebolimento delle difese immunitarie, una minore resistenza alle malattie ed una diminuzione della crescita in generale. Anche l'istinto animale, le funzioni cerebrali e la capacità di orientamento possono risentirne.

Le tecniche di elettrocoltura passiva tendono a risolvere questo problema, in parte o completamente, aumentando l'intensità del "bagno" naturale di onde elettromagnetiche in cui prosperano le piante, la natura e noi tutti.

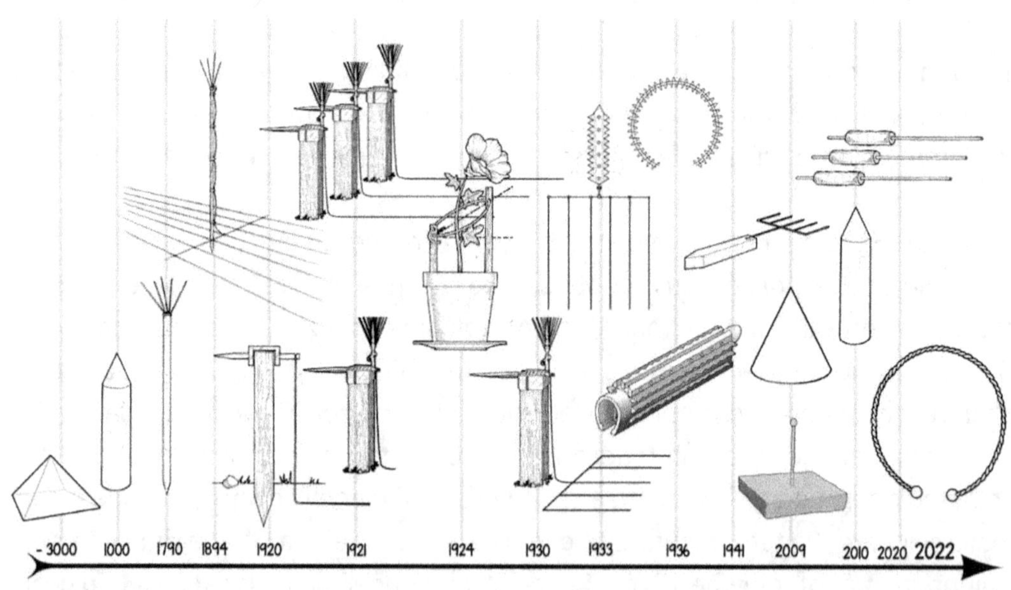

Figura 2: Cronologia storica dell'elettrocoltura (date approssimative).

Sebbene all'inizio degli anni Venti sembrasse che l'elettrocoltura fosse pronta a prendere il sopravvento nella pratica agricola, essa allo stesso tempo minacciava anche di mettere a repentaglio gli approcci industriali concorrenti che promuovevano i fertilizzanti chimici nonchè di minare lo sviluppo dell'agricoltura industriale su ampia scala. L'ampio sviluppo dell'elettrocoltura che ha caratterizzato la prima metà del XX secolo è stata rapidamente seguita da una chiusura drastica dell'argomento: progetti a cui sono stati tolti i fondi, morti misteriose dei promotori e persino la scomparsa del termine «elettrocoltura» dal vocabolario. Se nel 1945 la parola compariva ancora nel Webster's Dictionary, oggi non ci compare più, a testimonianza di un tentativo silenzioso ma deliberato di sopprimere invece che di espandere il campo dell'elettrocoltura[1].

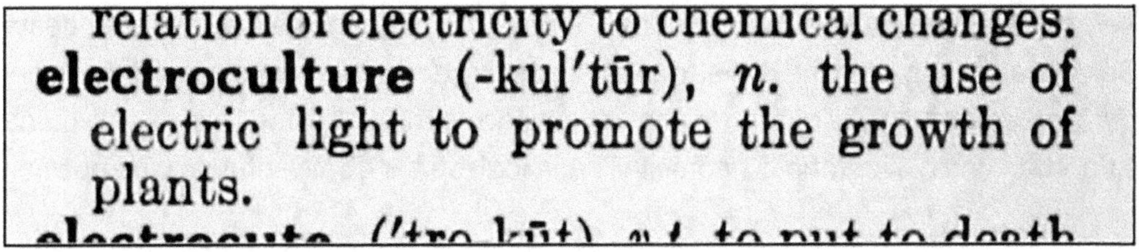

relation of electricity to chemical changes.
electroculture (-kul'tūr), *n.* the use of electric light to promote the growth of plants.

Figura 3: «Elettrocoltura» nel Dizionario Webster, 1945

Tuttavia, come molte tecniche antiche, la pratica dell'elettrocoltura è stata mantenuta in vita dai ricercatori e dagli agronomi marginali che erano a conoscenza delle correnti che influenzano il nostro ambiente.

Figura 4: Il giovane Yannick Van Doorne (2003) tiene una conferenza sull'uso delle correnti elettromagnetiche per sviluppare un'agricoltura sostenibile. A differenza di oggi, l'elettrocoltura era allora considerata un territorio completamente inesplorato.

---

[1]*Dizionario Webster. The World Publishing Company, 1945.*

Oggi lo slancio dell'elettrocoltura non può più essere frenato. È davvero un argomento pronto a sbocciare come un fiore in questo tempo. In gran parte, la rinascita contemporanea che stiamo vivendo può essere attribuita a Yannick Van Doorne, il cui modo sottile e persistente (proprio come le energie che lavoriamo per diffondere), ha risuonato profondamente, risvegliando un'intera nuova generazione di praticanti di elettrocoltura, me compreso. Non riesco a immaginare che tutto questo sia avvenuto intorno a me proprio ora! Come coltivatore, non riesco a non vedere la magia che l'elettrocoltura ha rivelato. Siamo circondati, sostenuti e chiamati, come dice Matteo Tavera, a una «Missione Sacra" che va ben oltre i nostri campi di mais e le nostre pluripremiate zucche. Siamo invitati ad accrescere la relazione con le energie che ci circondano e ad ampliare la nostra conoscenza del loro funzionamento.

Per quanto la storia ci affascini, ci concentreremo sul principale intento di questa Guida pratica alle tecniche di elettrocoltura passiva e alle loro applicazioni, perché nel farlo impareremo più di quanto le parole possano esprimere. Alla fine di questa guida è riportata una bibliografia di risorse in lingua inglese per gli avventurieri più impavidi.

frontiers in
PLANT SCIENCE

REVIEW ARTICLE
published: 04 September 2014
doi: 10.3389/fpls.2014.00445

Magnetic field effects on plant growth, development, and evolution

Massimo E. Maffei *

Department of Life Sciences and Systems Biology, Innovation Centre, University of Turin, Turin, Italy

Edited by:
Franck Anicet Ditengou, University of Freiburg, Germany

Reviewed by:
Taras P. Pasternak, Inst. Biologie II, Germany
Maikel Christian Rheinstadter, McMaster University, Canada

Correspondence:
Massimo E. Maffei, Department Life Sciences and Systems Biology, Plant Physiology Innovation Centre, University of Turin, Via Quarello 15/A, I-10135 Turin, Italy
e-mail: massimo.maffei@unito.it

The geomagnetic field (GMF) is a natural component of our environment. Plants, which are known to sense different wavelengths of light, respond to gravity, react to touch and electrical signaling, cannot escape the effect of GMF. While phototropism, gravitropism, and tigmotropism have been thoroughly studied, the impact of GMF on plant growth and development is not well-understood. This review describes the effects of altering magnetic field (MF) conditions on plants by considering plant responses to MF values either lower or higher than those of the GMF. The possible role of GMF on plant evolution and the nature of the magnetoreceptor is also discussed.

Keywords: geomagnetic field, plant responses, evolution, magnetoreception, cryptochrome

INTRODUCTION

A magnetic field (MF) is an inescapable environmental factor for plants on the Earth. During the evolution process, all living organisms experienced the action of the Earth's MF (geomagnetic, GMF), which is a natural component of their environment. GMF is steadily acting on living systems, and is known to influence many biological processes. There are significant local differences in the strength and direction of the earth's magnetic (geomagnetic) field. At the surface of the earth, the vertical component is maximal at the magnetic pole, amounting to about 67 µT and is zero at the magnetic equator. The horizontal component is maximal at the magnetic equator, about 33 µT, and is

The literature describing the effects of weak MFs on living systems contains a plethora of contradictory reports, few successful independent replication studies and a dearth of plausible biophysical interaction mechanisms. Most such investigations have been unsystematic, devoid of testable theoretical predictions and, ultimately, unconvincing (Harris et al., 2009). The progress and status of research on the effect of MF on plant life have been reviewed in the past years (Phirke et al., 1996; Abe et al., 1997; Volpe, 2003; Belyavskaya, 2004; Bittl and Weber, 2005; Galland and Pazur, 2005; Minorsky, 2007; Vanderstraeten and Burda, 2012; Occhipinti et al., 2014).

Krylov and Tarakonova (1960) were among the first to report

Figura 5: Documento di Massimo E. Maffei sugli effetti dei campi magnetici sulle piante.

Esistono numerose ricerche scientifiche che testimoniano l'enorme influenza del campo magnetico terrestre sugli organismi viventi e sulla crescita delle piante. Questo articolo[2] , ad esempio, spiega quello che Yannick ha dimostrato per anni: quando aumentiamo leggermente l'influenza magnetica della Terra, otteniamo un aumento della crescita, della germinazione e della resistenza ai parassiti di molti frutti e ortaggi.

D'altra parte, quando i test sono stati condotti con intensità di campo magnetico inferiori a quelle del campo magnetico terrestre naturale, la maggior parte delle piante è cresciuta meno, la germinazione è risultata ridotta e le piante hanno sofferto di più malattie. Questi risultati sono stati rilevati in svariate sperimentazioni di elettrocoltura e mettono in luce un aspetto entusiasmante della scienza: un leggero aumento dell'intensità del campo magnetico terrestre può avere enormi influenze positive sulla crescita e sullo sviluppo delle piante.

---

[2]Maffei, Massimo E. "Magnetic field effects on plant growth, development, and evolution" Frontiers in Plant Science, settembre 2014. https://www.frontiersin.org/articles/10.3389/fpls.2014.00445/full [sito web consultato nell'aprile 2023].

ANTENNE MAGNETICHE TERRESTRI

L'antenna magnetica terrestre è un'applicazione di elettrocultura che utilizza materiali tra i più semplici con risultati notevoli. Utilizzando dei magneti, del filo di ferro zincato e un po' di cera d'api, è possibile fertilizzare appezzamenti piccoli come un cassone da coltivazione rialzato o grandi come degli interi campi agricoli. Le antenne magnetiche sono discrete e possono essere interrate nel terreno, il che le rende un'opzione valida per le aree con camminamenti trafficati o campi agricoli attraverso i quali devono passare i trattori.

Le antenne magnetiche terrestri funzionano amplificando la corrente tellurica naturale che scorre nella parte superficiale del suolo. Quando magnetizziamo un filo di ferro zincato ad un'estremità, l'intera lunghezza del filo si magnetizza, creando un campo magnetico costante e agente lungo tutta la lunghezza del filo. Il filo di ferro zincato è ferromagnetico e può quindi essere magnetizzato in questo modo. I microrganismi e le radici delle piante sono stimolati ed attratti dal campo magnetico amplificato perciò le piante cresceranno più grandi, più sane e più resistenti alle calamità come i parassiti e la siccità.

Il campo di energia irradiato da un'antenna magnetica aumenta di anno in anno, fino a raggiungere l'ottimizzazione, stabilizzandosi dai tre ai cinque anni ma persistendo anche per decenni. La longevità dell'applicazione è determinata in ultima analisi dalla durata di vita dei fili interrati, che si corrodono con il tempo, ma questo è da implicare alla composizione del terreno e non è ancora possibile prevedere i termini temporali in cui si manifesterà.

Con il campo magnetico naturale della Terra in costante diminuzione, questa e altre tecniche di elettrocultura consentono di creare dei microcampi magnetici per superare questo problema a livello locale. È semplicissimo da fare.

Crescita delle radici e campo magnetico

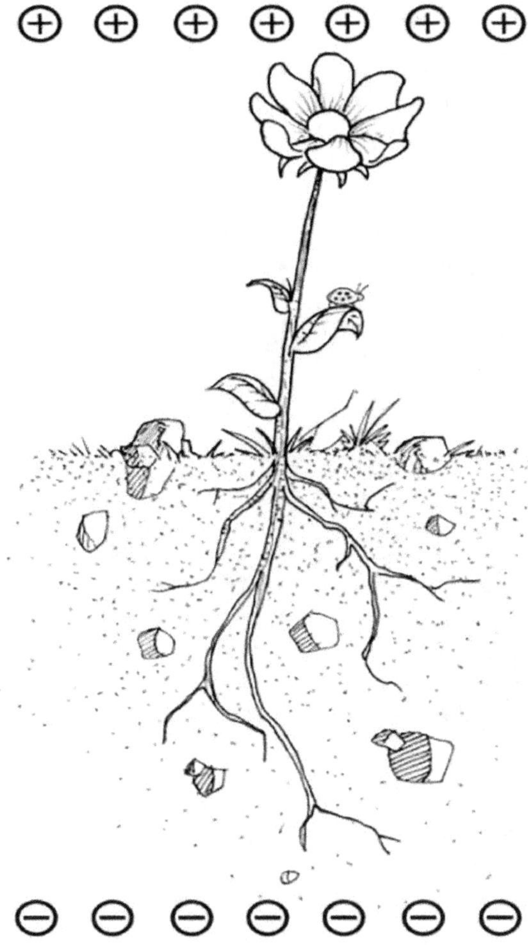

Le piante hanno uno spiccato senso dell'orientamento, determinato dal campo elettromagnetico. Esse sviluppano intuitivamente le loro parti vegetative verso l'atmosfera a carica positiva e le loro radici verso la carica negativa, fino al suolo. Le ricerche condotte sulla coltivazione delle piante con i magneti hanno dimostrato che le piante hanno una preferenza molto particolare per la direzione, definita dal tipo di carica[3].

Le piante hanno anche una predilezione per il campo magnetico dato da un filo magnetizzato. Osservate attentamente le radici delle vostre piante una volta conclusa la stagione di coltivazione ed osserverete la loro attrazione per il filo dell'antenna!

Figura 6: Le parti vegetative della pianta sono attratte verso l'alto dalla carica positiva dell'atmosfera e la crescita delle radici è attratta verso il basso dalla carica negativa della terra.

---

[3]Cruice, Allan. *The Magnetic Pulse of Life: Geomagnetic Effects on Terrestrial Life* REGNO UNITO: Authorhouse, 2019.

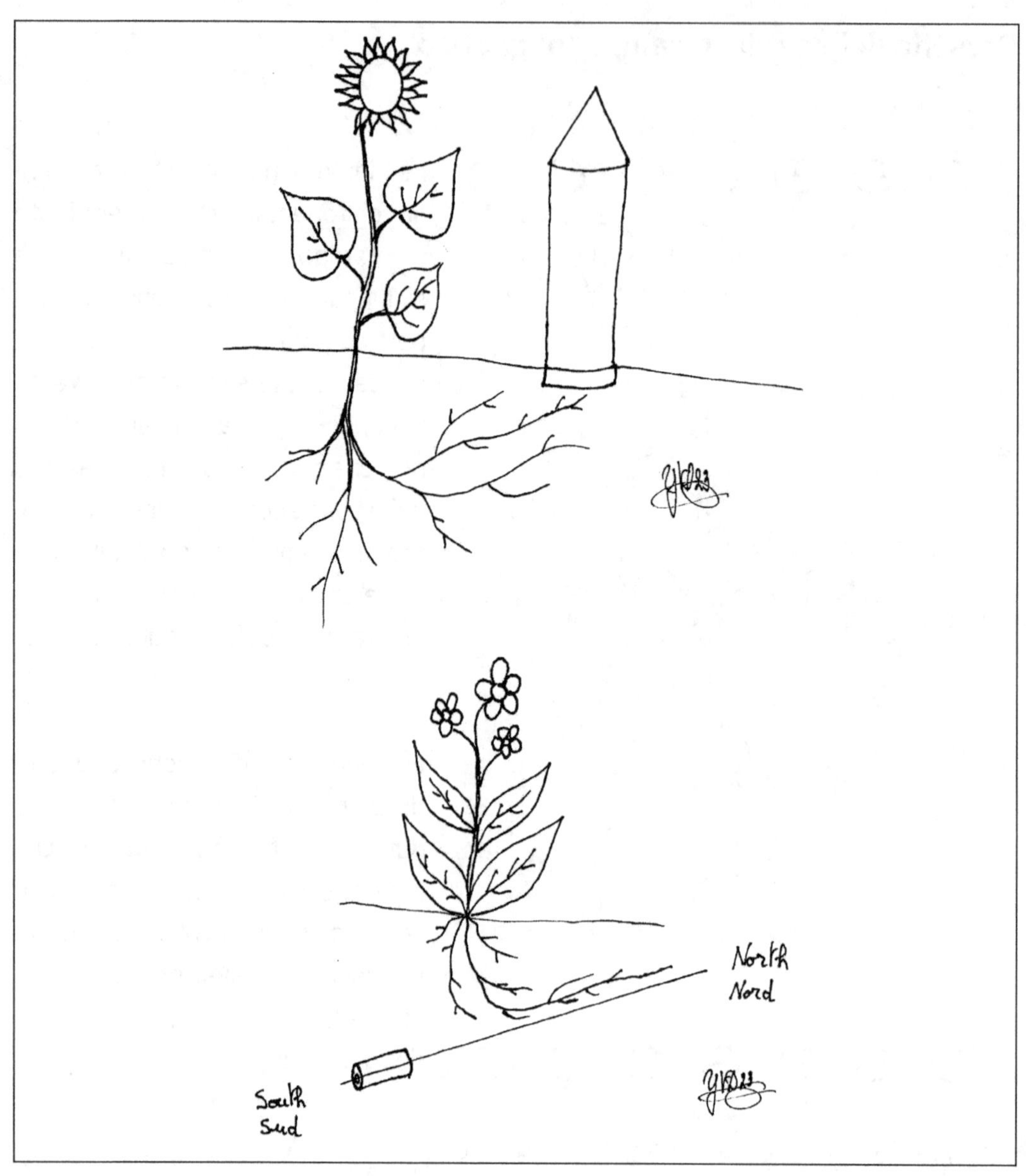

Figura 7: *Radici che seguono il filo dell'antenna o vanno in direzione di una torre di basalto paramagnetica.*

Ispirato dal lavoro di Justin Christofleau, Georges Lakhovsky, Stanislas Bignand, Roger Durand, Couillaud e Marcel Violet, Yannick ha sperimentato diversi sistemi a partire dal 2003, arrivando alla versione attuale nel 2010: un'antenna magnetica cilindrica, realizzata con magneti di ferrite, cera d'api, un minuscola anello di Lakhovsky (aggiunto intorno al 2018: si veda il capitolo sugli anelli e le spirali) e filo di ferro zincato. Questo è il dispositivo che imparerete ad installare in questa guida.

Figura 8: *L'antenna magnetica di Yannick Van Doorne.*

COME SI FA: Costruire l'antenna magnetica
Assemblare i magneti

L'antenna magnetica è costituita da sei magneti ad anello in «ferrite» da 1000 gauss, con un diametro di 19 millimetri; sei millimetri di diametro del foro interno e dieci millimetri di spessore. Le dimensioni dei magneti ad anello che potete reperire dipendono dal vostro luogo di provenienza del pianeta, ma non preoccupatevi: l'applicazione è la medesima. I sei magneti sono disposti in serie per creare un cilindro lungo sei centimetri. Il cilindro viene poi rivestito con una cera d'api di alta qualità.

Figura 9: *Magneti in ferrite, detti anche magneti in ceramica.*

Figura 10: *Fila di magneti.*

Perché sei magneti? Perché non sette?

L'intento originario era quello di creare un cilindro lungo in modo che l'antenna magnetica potesse rimanere permanentemente orizzontale e orientata correttamente nel terreno, poiché un magnete disallineato e fluttuante ha un effetto minimo o nullo. Molte altre scelte vengono effettuate (nell'elettrocultura e nella vita) su di un altro piano: quello che riguarda l'intuizione. Sebbene sei magneti assicurino la massima immobilità e funzionalità del magnete sul filo, il numero sei rappresenta anche il colore verde, la natura e l'ecologia in alcune terapie energetiche e in numerologia. Questa scelta non è stata quindi solo una coincidenza, secondo Yannick. Il lavoro dell'elettrocoltore coinvolge le nostre capacità intuitive tanto quanto le nostre competenze nel fabbricare ed installare i dispositivi.

Perché la cera d'api?

La cera d'api è tutt'ora una sostanza misteriosa e continua a stupirci. E' un materiale eccezionalmente ricco, contiene le molecole corrispondenti agli oli essenziali di tutti i fiori che le api hanno visitato. Conoscendo il fatto che il campo magnetico può trasferire e propagare informazioni vibrazionali da qualsiasi materiale che attraversa, in questo caso il campo magnetico passerà attraverso la cera d'api e propagherà le sue frequenze e informazioni benefiche lungo tutta la lunghezza del filo ed intorno ad esso. Le piante si sazieranno con l'ampio spettro di frequenze naturali benefiche presenti nella cera d'api, corrispondenti a tutte le molecole che la compongono e che vengono amplificate dal campo magnetico generato lungo tutto il filo[4].

Rivestire i magneti

Per rivestire i magneti delle antenne magnetiche, sciogliere la cera a fuoco lento. Una volta fusa, rimuovere la cera dalla fonte di calore per evitare che la temperatura salga troppo, degradandone la qualità.

---

[4]*Per approfondire questa idea, studiate le ricerche di Stanislas Bignand e Marcel Violet, che fecero passare l'elettricità attraverso un condensatore di cera d'api per dare energia all'acqua. I documenti a cui potrete attingere saranno in francese.*

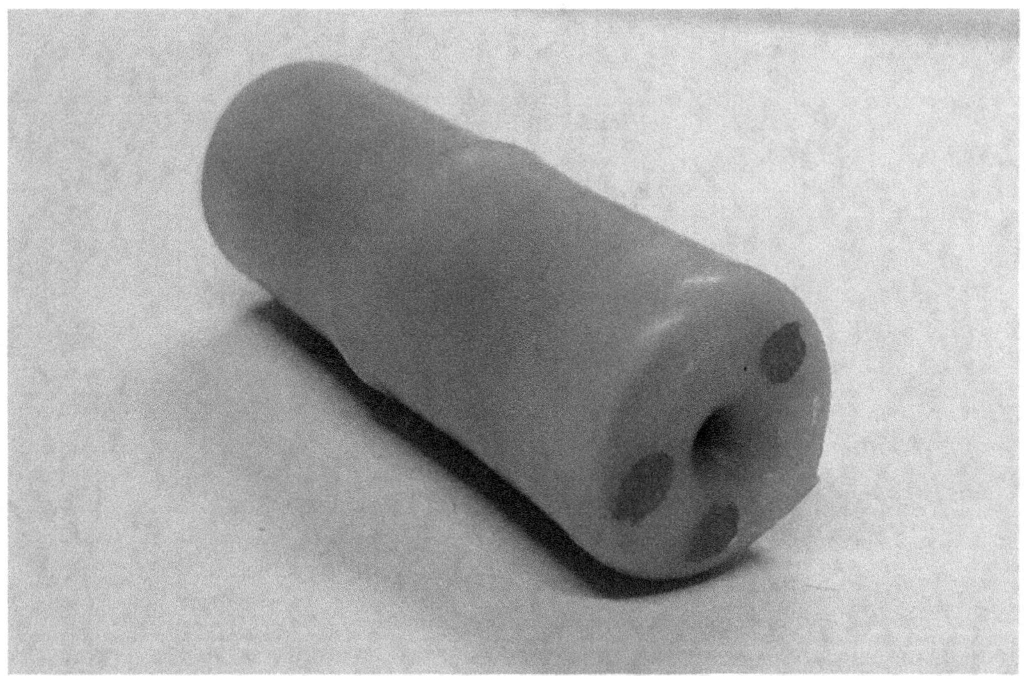

Figura 11: Sei magneti rivestiti di cera d'api e contrassegnati per favorire l'orientamento nord-sud.

Immersione nel bagno sonoro

Yannick fa un passo in più: immerge la cera in un bagno sonoro di frequenze elettromagnetiche e di energie sottili benefiche, con l'intenzione di far assorbire alla cera queste energie benefiche e di fargliele immagazzinare durante il raffreddamento. Egli utilizza le frequenze prodotte dal suo chime (barra metallica che viene percossa da un bastoncino di legno emettendo un suono) a 432 Hertz, ma ci ricorda che anche la qualità dei nostri pensieri e delle nostre emozioni durante il processo di fabbricazione dell'antenna magnetica è fondamentale, poiché anche questi aspetti producono energie sottili uniche che vengono impresse nel nostro dispositivo e che si manifesteranno nel risultato finale.

Magneti riciclati

Avventuratevi nel centro di riciclaggio locale, dove potreste trovare vecchi altoparlanti, ad esempio. All'interno si trovano magneti di ferrite che possono essere recuperati ed utilizzati come antenne. In questo modo è possibile riutilizzare i materiali destinati alla discarica per sostenere un'economia circolare. I magneti riciclati possono essere utilizzati per realizzare antenne rudimentali che, se ben realizzate e ben posizionate, possono essere altrettanto efficaci.

Figura 12: *Rotolo di filo zincato.*

Scelta del filo

L'utilizzo di un filo di acciaio zincato di diametro maggiore consente una maggiore durata del sistema. Si consiglia un diametro minimo di 1,5-2 millimetri. Con il tempo il filo di ferro si ossida fino a scomparire, a seconda della capacità ossidante del terreno. Questa ossidazione può perdurare alcuni anni o diversi decenni. Una volta che il filo subisce un taglio o scompare completamente a causa dell'ossidazione, il sistema non funziona più ed è giunto il momento di rinnovare l'installazione.

COME SI FA: Installazione

Esistono alcuni principi di base che devono essere rispettati affinché un'antenna magnetica terrestre possa funzionare ed utilizzare una bussola è assolutamente necessario per il buon risultato questa installazione. I fili devono essere orientati da nord a sud ed anche i magneti devono essere orientati con la polarità nord rivolta verso il nord. Se questi principi non vengono rispettati, l'installazione non funzionerà.

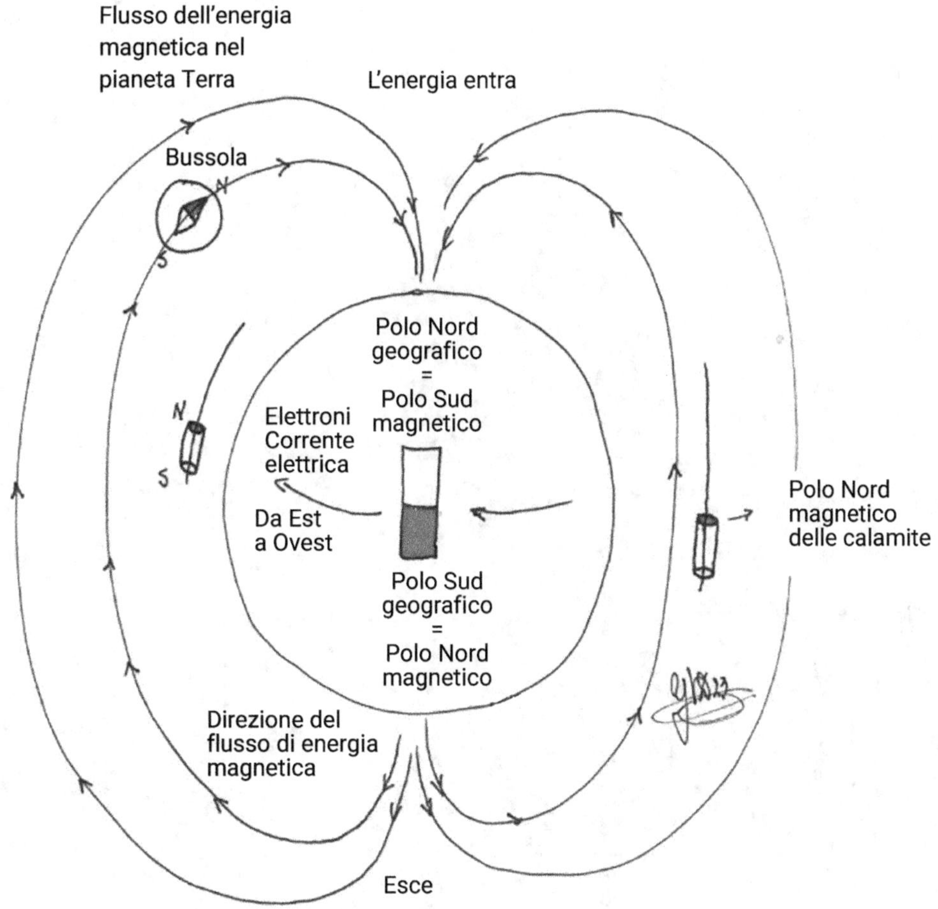

Figura 13: Orientamento dell'installazione.

Tracciare un solco in direzione nord - sud per i fili

Piantate un picchetto di legno nel terreno all'estremità nord della serra o dell'appezzamento dell'orto. Attaccate una corda al picchetto e usate una bussola per posizionare la corda con un orientamento nord-sud. Una volta che la corda è orientata esattamente da nord a sud, piantate un secondo picchetto di legno all'estremità sud dell'appezzamento, dove ora si trova l'estremità meridionale della corda, e legate la corda al picchetto. Questa è la la vostra traccia per fare il solco.

Figura 14: Yannick scava un solco seguendo il filo guida all'interno di una serra.

Scavare il solco

Con una vanga piatta, scavate un solco largo cinque centimetri lungo il filo a una profondità di circa 10-30 centimetri. La profondità massima a cui si può arrivare a scavare il solco è di 50 centimetri.

Figura 15 : Bancale di coltivazione pronto all'inserimento del filo. Si noti che i solchi sono leggermente diagonali, creati per seguire un orientamento nord-sud e non l'orientamento del bancale stesso.

Installazione del filo di ferro zincato

L'antenna magnetica sarà completata dalla scelta di un cavo di ferro zincato sufficientemente spesso e malleabile. Si consiglia un diametro minimo di 1,5-2 millimetri. La sua malleabilità faciliterà l'installazione dell'antenna e permetterà di modellarla facilmente. Più il cavo sarà dritto, più sarà allineato al campo magnetico naturale della Terra e più sarà efficace.

La sequenza ideale per installare un'antenna inizia partendo dall'estremità nord geografica. Si ad avvolge l'estremità del filo zincato intorno al picchetto di ferro usato per l'armatura, all'estremità nord, che è stato precedentemente piantato nel terreno. In questa fase la direzione dell'avvolgimento non è importante, poiché il tondino serve solo a tenere il filo dritto in direzione sud-nord. Procedere quindi alla posa del cavo nella trincea fino a raggiungere il picchetto situato all'estremità meridionale del terreno. E' necessario lasciare un po' di filo in eccesso all'estremità e procedere tagliando il filo con una pinza.

Figura 16 : *Filo posato in un solco dall'estremità nord a quella sud.*

Per migliorarne l'effetto, si potrebbe aggiungere del basalto paramagnetico nei solchi per coprire i fili. Questo amplificherà il campo magnetico terrestre lungo il corso dell'antenna, poiché le particelle di polvere di basalto paramagnetico agiscono come piccole antenne naturali, agganciandosi all'energia magnetica raccolta e trasmessa dal filo.

Infilare il magnete

Ora siete pronti a infilare il magnete, rivestito di cera d'api, con il filo. Anche in questo caso è molto importante orientare correttamente i magneti. La polarità nord del magnete deve essere orientata verso nord.

Figura 17 : *Controllare l'orientamento dell'antenna magnetica.*

L'elettrocoltura si basa essenzialmente sulle leggi che regolano la natura. Una di queste è la coerenza con la polarità magnetica naturale nord-sud della Terra. Quando assembliamo un antenna magnetica, colleghiamo diversi magneti singoli in linea per creare un cilindro. Un'estremità del cilindro avrà la polarità nord e l'altra la polarità sud. Il polo nord magnetico viene generalmente indicato sulla faccia a monte dell'antenna con un punto o un segno rosso (oppure il simbolo +). Per evitare di installare i magneti nella direzione sbagliata, è necessario contrassegnarli in anticipo utilizzando una bussola per verificarne quale sia l'estremità nord.

Sempre utilizzando la bussola, va orientata la polarità nord dei magneti in modo che questi puntino verso nord. Fate scorrere i magneti sul filo, appoggiandoli all'estremità sud del filo di acciaio zincato.

L'energia dell'antenna magnetica si propagherà lungo il filo per tutta la sua lunghezza, da sud a nord. Posizionare un'antenna magnetica all'estremità nord del filo non avrà alcun effetto, perché il campo magnetico proviene da sud e scorre verso nord. L'intera installazione (magneti e filo) deve essere posizionata in linea con il campo magnetico naturale della terra, come indicato dalla bussola. Questa tecnica infatti funziona propagando il campo magnetico terrestre già esistente, pertanto è assolutamente necessario allineare la nostra installazione in base a questo campo.

Tendete successivamente l'estremità sud del filo che sarà probabilmente allentata. Così verrà raddrizzato e quindi avvolgetelo intorno a un picchetto all'estremità sud del vostro appezzamento. Il paletto serve unicamente a tenere il filo in posizione. Se riuscite potete anche stendere il filo direttamente senza l'ausilio picchetti e funzionerà comunque. L'obiettivo è semplicemente quello di posare il filo dritto e di mantenerlo dritto mentre si completa l'installazione.

Martellate quindi i pali più a fondo in modo da ricoprirli con la terra una volta che tutto l'impianto è stato posato. In seguito il solco viene riempito.

Figura 18 : *Tendere il filo intorno al picchetto di fissaggio.*

Stabilizzazione del filo d'acciaio zincato

Per fissare l'antenna magnetica in posizione e impedire che si sposti, si possono realizzare a mano dei ganci metallici a forma di U della lunghezza di circa 15 centimetri e vanno utilizzati per fissare il filo teso in modo da stabilizzarne la posizione.

Figura 19 : Utilizzate i ganci ad U per fissare il filo.

Aggiunta di solchi adiacenti

Per trattare l'intera superficie (ad esempio, di una serra) è consigliabile collocare
diverse antenne magnetiche ad una distanza compresa tra i 60 centimetri e 1 metro. Più
le antenne sono vicine tra loro, più la fertilizzazione della superficie sarà ottimale. Per
realizzare le trincee adiacenti, è sufficiente misurare la distanza da palo a palo, avendo
cura di mantenere la stessa distanza tra i pali a nord e quelli a sud della serra.

Figura 20 : Misurare la distanza tra i pali.

Riempimento del solco

Una volta posizionate tutte le antenne, riempire i solchi con il terreno. Per amplificare l'effetto del sistema di antenne grazie all'ausilio del campo magnetico terrestre, si può spargere un po' di basalto paramagnetico intorno al filo nel solco prima di riempirlo. L'installazione è ora attiva.

In una serra

Le antenne magnetiche sono un'applicazione particolarmente utile all'interno di una serra, dove un'antenna atmosferica ha un impatto minimo o nullo. È comunque possibile collegare un'antenna atmosferica che verrà posta all'esterno della serra al filo dell'antenna magnetica all'interno della serra, combinando le due tecnologie ed i loro effetti.

Figura 21: Yannick scavando un solco lungo il filo guida, con un piccolo aiuto.

In un campo aperto

Posare più fili ed antenne parallelamente in direzione nord-sud. In questo caso, si consiglia di posare i fili a una distanza massima di due metri l'uno dall'altro. Per piccoli appezzamenti (ad esempio, il giardino di casa), si consiglia invece una distanza di un metro. Per appezzamenti di grandi dimensioni, come campi di diversi ettari, si consiglia una distanza tra le linee di 1,5-2 metri. Se la distanza tra i fili è maggiore, l'area di influenza del campo magnetico delle antenne si riduce tra le linee. Se si posizionano i fili a due o più metri di distanza l'uno dall'altro, si noterà un effetto onda nella coltura, poiché l'influenza dei fili aumenta in corrispondenza dei fili e diminuisce negli spazi tra di essi.

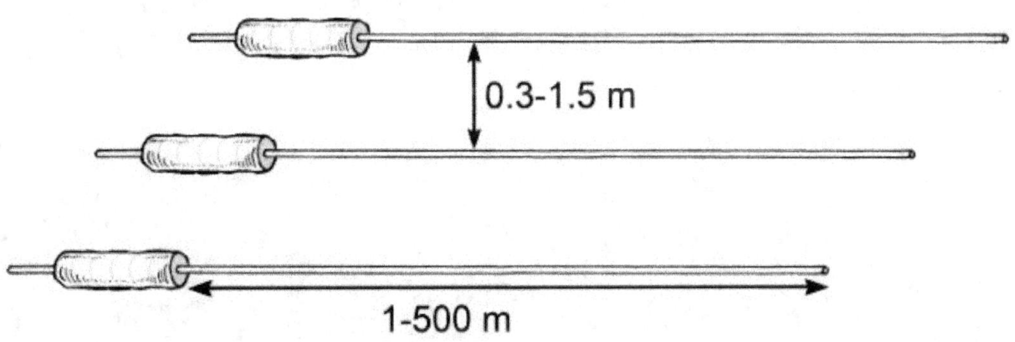

Figura 22: Assicurarsi che i fili siano a distanza uguale e abbastanza vicini per fornire un'influenza diffusa su tutta l'area di coltivazione.

Una macchina appositamente progettata per l'interramento di cavi in grandi appezzamenti agricoli può facilitarne l'installazione.

Attrezzi agricoli

Sono stati sviluppati degli attrezzi agricoli per l'installazione di fili in campi di grandi dimensioni. Questi sistemi montati consentono di caricare i rotoli di filo sul coltivatore e di srotolare il filo mentre il trattore attraversa il campo. Sono state apportate delle modifiche per consentire l'interramento di due fili contemporaneamente, distanziati da uno a due metri in parallelo tra loro.

Figura 23: Un coltivatore attrezzato.

Figura 24: Un dissodatore equipaggiato con due denti e due svolgifilo durante l'installazione di fili galvanizzati per l'elettrocultura in un campo di orticole, con ottimi risultati.

Per preparare il campo all'azione di questa macchina, un piccolo escavatore scava precedentemente un solco in direzione est-ovest attraverso l'estremità meridionale del campo, questo consente di far scorrere il dente del dissodatore come punto di partenza e crea uno spazio di lavoro sufficiente per fissare le antenne magnetiche in seguito. Il trattore procede quindi lentamente in direzione nord, srotolando la bobina. Quando il trattore giunge alla fine del campo, il filo viene tagliato e fissato. Le antenne magnetiche vengono quindi attaccate a ciascuno dei fili nell'estremità sud del solco e l'installazione del sistema è completa.

Figura 25: *Yannick con una trivella pronto a scavare le buche dove partirà il solco.*

Una soluzione più semplice ed efficiente per preparare il solco di partenza (al posto dell'escavatore) consiste nello scavare un foro di grande diametro, con una trivella, ogni uno o due metri lungo una linea est-ovest. Il foro può quindi essere utilizzato per far infilare il dente del macchinario prima di farlo scorrere e interrare il filo. Poi il trattore viene guidato verso nord come nell'esempio precedente. In ogni buca, un'antenna viene collegata al filo ed orientata in modo corretto. Questo metodo provoca un minore sfregio al terreno e facilita il riempimento dei fori alla fine dell'operazione.

È anche possibile collegare molti fili tra loro in direzione est-ovest per attivare il tutto con un'unica antenna. In questo caso, bisogna fare molta attenzione a posizionare correttamente i fili e a collegarli in modo impeccabile, in modo da non interrompere la conduzione di energia tra i fili e l'antenna, con il rischio di aver fatto tutto il lavoro per niente.

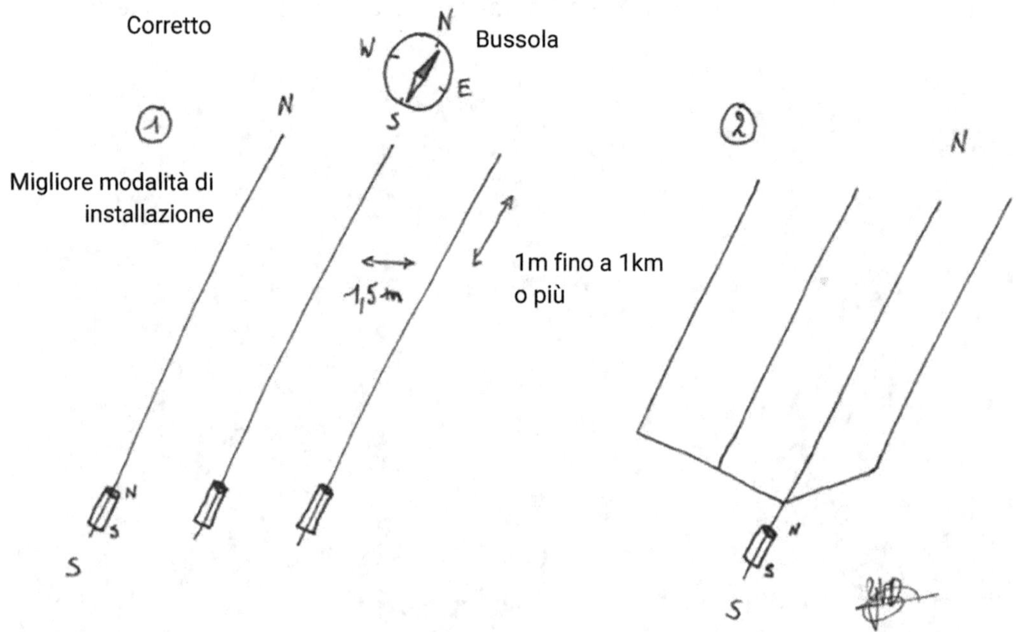

Figura 26 : *A sinistra: ogni filo è collegato a una singola antenna magnetica (scelta migliore per l'installazione). A destra: Una serie di fili zincati paralleli collegati a un singolo set di magneti. In questa modalità sono necessari meno magneti, ma c'è il rischio che fili mal collegati causino un'interruzione dello scorrimento del campo magnetico nell'installazione.*

In un vigneto o in un frutteto a spalliera

Spesso sono già presenti cavi galvanizzati lungo i vigneti e i frutteti a spalliera. Cosa c'è di più semplice che aggiungere le antenne ai cavi esistenti?

Figura 27: Antenna magnetica aggiunta ad un filo in direzione nord-sud.

Figura 28: Antenna magnetica aggiunta ad un filo in direzione nord-sud.

Combinazione con altre tecniche

È possibile combinare la tecnica dell'antenna magnetica con altre tecniche di elettrocoltura, che possono usufruire dello stesso filo, per condurre energie specifiche. L'applicazione di coni con filo, spirali o antenne di tipo atmosferico può aggiungere altri tipi di energie sottili benefiche.

RISOLUZIONE DEI PROBLEMI

È difficile valutare le cause degli scarsi risultati quando non si ha un quadro completo del contesto o di come è stata realizzato un'impianto. Spesso la mancanza di risultati positivi deriva da errori di installazione, ma a volte la ragione non può essere compresa a prima vista. Dobbiamo rimanere umili e riconoscere che non comprendiamo ancora pienamente tutte le influenze ed il funzionamento delle tecniche di elettrocultura o degli elementi terrestri che le governano.

È molto raro che non si ottengano risultati con questa tecnica. Nella maggior parte dei casi i risultati sono notevoli e rapidamente visibili dopo poche settimane.

Terreno sterile

A volte c'è poca vita nel terreno a causa, per esempio, dell'uso eccessivo di prodotti chimici o di altri tipi di inquinanti. Questa tecnica di elettrocoltura stimolerà fortemente gli organismi viventi del terreno, contribuendo a migliorarne la fertilità e la vitalità delle piante; ma se altri elementi sconosciuti influenzano negativamente le energie viventi, è possibile che si vedano pochi miglioramenti.

Nel tempo, tuttavia, i microrganismi viventi e i lombrichi vengono stimolati dai processi di elettrocoltura. I microrganismi e le micorrize colonizzeranno nuovamente il suolo, accelerandone la trasformazione, e lavoreranno al fine di neutralizzare i residui chimici tossici.

Figura 29: Effetti del suolo inquinato sulle piante.

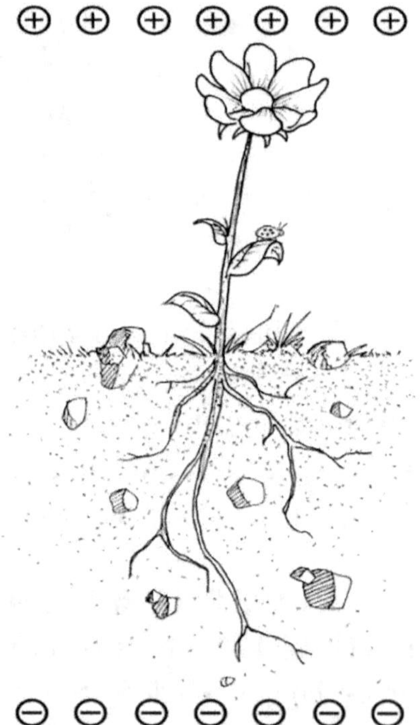

Figura 30: Effetti di un suolo sano.

In circostanze normali, le radici crescono nelle profondità del terreno verso il polo elettrico negativo e le parti vegetative delle piante crescono verso il polo elettrico positivo. Questo non ha nulla a che fare con il gravitropismo o il fototropismo. Quando cambiamo la polarità elettrica naturale, la normale crescita delle piante viene compromessa.

Fili troppo profondi

Posare i fili troppo in profondità nel suolo può dare risultati scarsi o nulli. Lo strato energetico attivo del terreno si trova nella parte superiore ed è lì che si sviluppano la maggior parte delle radici, quindi non interrate i fili ad una profondità superiore ai 50 centimetri. Più i fili sono vicini alla pianta, migliori sono i risultati. Se il filo fosse interrato troppo in profondità, le radici della pianta impiegherebbero più tempo per raggiungere le frequenze benefiche del filo collegato all'antenna e ciò potrebbe posticiparne gli effetti.

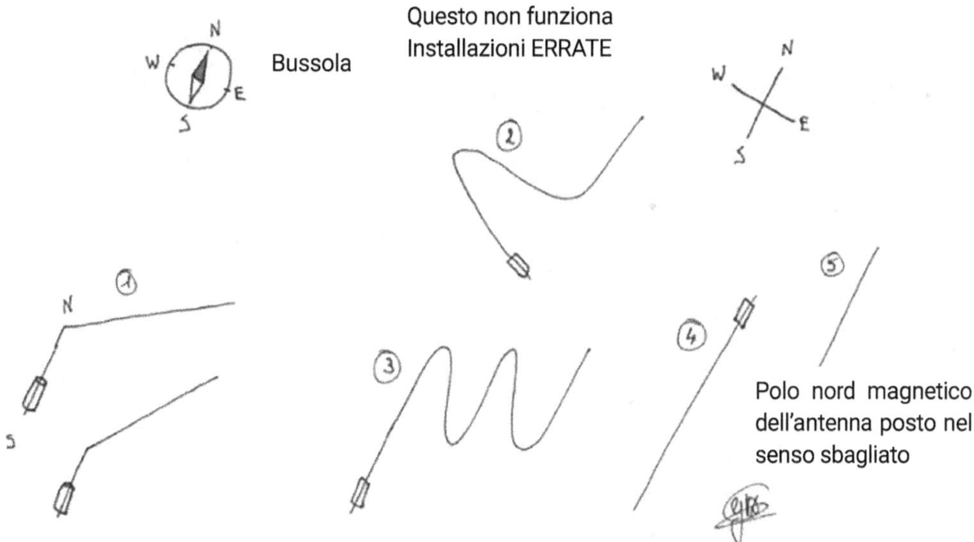

Figura 31 : Esempi di installazione errata dei fili.

Fili non dritti

I fili possono essere efficaci anche se salgono e scendono in modo verticale lungo il paesaggio, ma per esserlo devono mantenere l'orientamento nord-sud. Non devono essere posati in modo così lasco da farli serpeggiare nel solco o girare nel terreno per deviare, ad esempio, intorno ad un albero. Se i fili si discostano dall'orientamento nord-sud, i risultati potrebbero non essere soddisfacenti.

Magnete nel lato sbagliato

Se si posiziona il magnete all'estremità sbagliata del filo o lo si infila al contrario, non si otterranno risultati. Il magnete deve essere posizionato all'estremità sud del filo e la polarità nord del magnete deve essere rivolta verso nord. Utilizzare una bussola per assicurarsi che il magnete sia orientato correttamente.

Collegamenti dei fili non corretti

Se si sceglie di collegare i fili per qualsiasi motivo, i collegamenti devono essere accurati per mantenere la conduttività. Per esempi su come collegare correttamente i fili, vedere «Collegamento dei fili nel frutteto e nel vigneto» nel capitolo sulle antenne atmosferiche. Di seguito ne sono riportati due esempi.

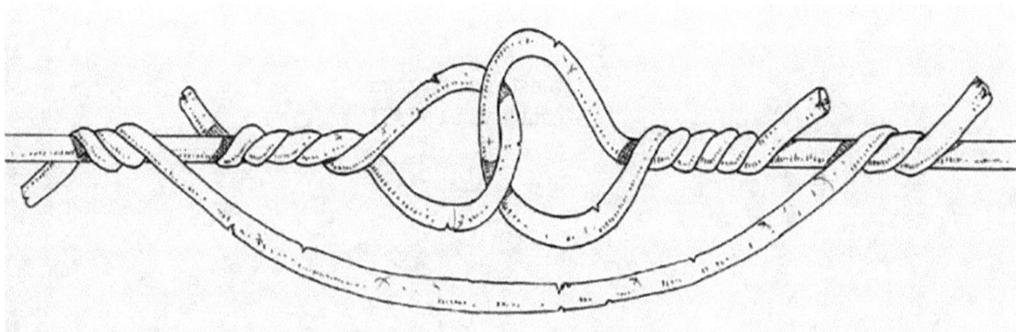

Figura 32: *Una connessione efficace.*

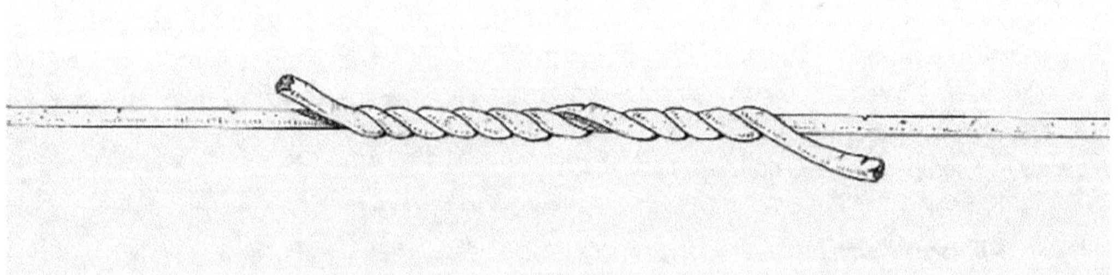

Figura 33: *Una connessione efficace.*

TESTIMONIANZE

Figura 34: Antenna magnetica installata sotto la fila a destra.

IL GIARDINO DI GIRASOLI DI YANNICK

Nella primavera del 2013, due file di girasoli sono state seminate contemporaneamente e nelle stesse condizioni. La fila a destra era dotata di un filo di ferro zincato collegato ad un'antenna magnetica, mentre quella a sinistra non lo era. La germinazione lungo il filo magnetizzato è stata di gran lunga migliore rispetto alla fila di controllo. Come è evidente, sulla fila con il filo sono germogliate molte più piante di girasole e le differenze nella crescita delle piante sono state notevoli. Nelle installazioni riguardanti le antenne magnetiche le foglie sono generalmente più larghe e le piante sono più alte lungo il filo.

DA CONSIDERARE: Tu sei energia

I girasoli sembrano reagire particolarmente bene alle tecniche di elettrocultura come l'antenna magnetica, ma potrebbero esserci in gioco anche altri elementi relativi all'ambito energetico. Yannick ama molto i girasoli e lo fanno sentire positivo. La relazione che abbiamo con le piante (e in particolare con le nostre preferite) può giocare un ruolo importante nei risultati che otteniamo con qualsiasi tecnica, al di là dell'applicazione materiale. Yannick osserva che è come se i risultati fossero amplificati dalla qualità del nostro rapporto con le piante che ci sono care.

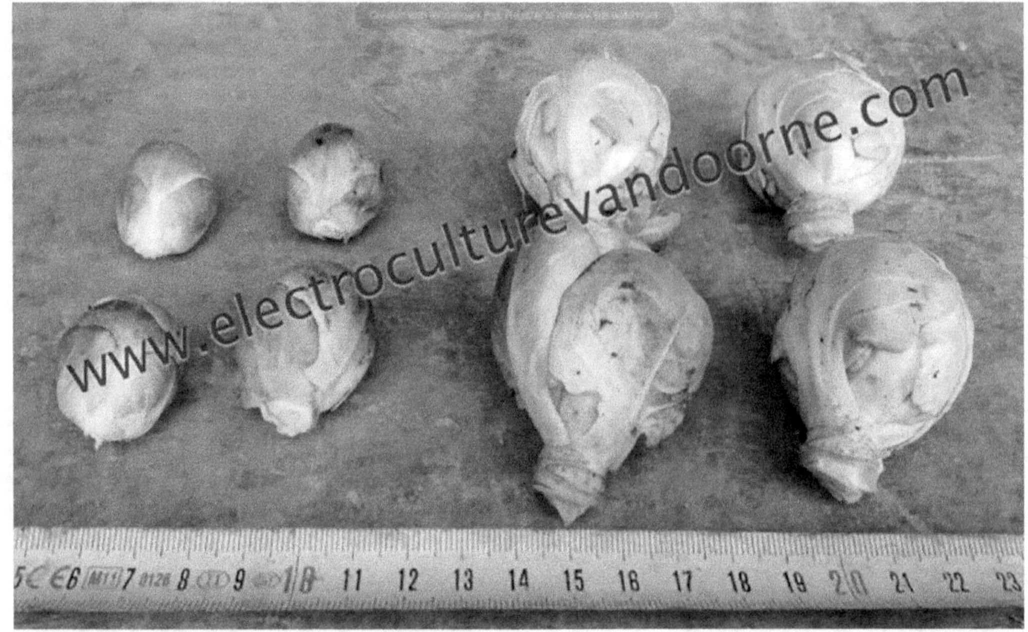

Figura 35: *Differenze significative nella resa.*

CAVOLETTI DI BRUXELLES DI YANNICK

A sinistra, i germogli raccolti da una parcella di controllo senza antenna magnetica. A destra, i germogli raccolti da una parcella con antenna magnetica, di dimensioni raddoppiate.

Figura 36 et 37: *Differenze significative nella resa di un campo di prezzemolo.*

CAMPO DI PREZZEMOLO VICINO AD AMBURGO, IN GERMANIA

Dierck coltiva 160 ettari di ortaggi da svariati anni. Nella stagione 2020, ha aggiunto a tre ettari di prezzemolo delle antenne magnetiche cilindriche con l'annesso filo di ferro zincato. Al termine della coltivazione, ha potuto osservare un fenomeno di crescita a ondate sul suo appezzamento. Il prezzemolo è cresciuto molto di più sulle file poste sopra i fili rispetto a quelle al centro tra due fili. I risultati dell'analisi dei nutrienti hanno superato di gran lunga l'appezzamento di controllo. Altre osservazioni hanno riguardato un numero molto minore di malattie, un maggior sviluppo radicale, una crescita migliore, il 35% in più di olio essenziale, il 12,5% in più di peso e il 17% in più di volume.

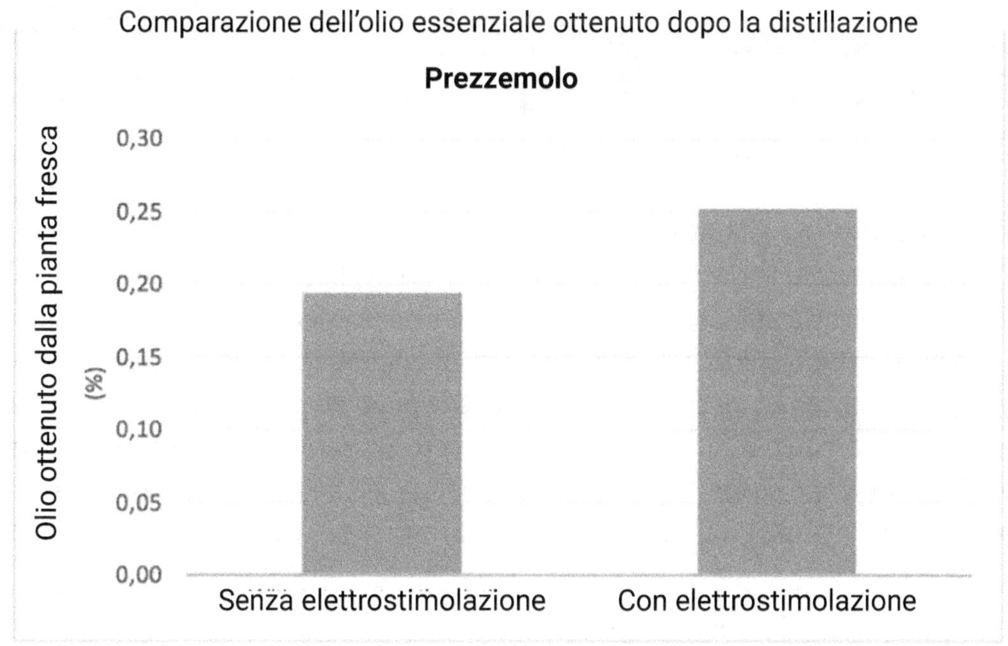

Figura 38: Confronto del contenuto di olio essenziale o di olio eterico tra piante con elettrocoltura e senza.

Figura 39: Nessuna installazione di elettrocoltura in questo campo di cavoli.

CAMPI DI CAVOLI, GERMANIA

Dopo la coltivazione del prezzemolo, Dierk ha coltivato un grande appezzamento di cavoli nello stesso campo con le antenne magnetiche. L'immagine in alto è relativa al campo senza antenne (il campo di controllo) e quella in basso è l'immagine di un campo di cavoli con installate le antenne magnetiche. Le piante di cavolo nel campo trattato sono più grandi e le foglie sembrano più sane e brillanti rispetto al campo di controllo. Un ulteriore vantaggio delle piante più grandi è che schermano il terreno dal sole e lo aiutano a trattenere l'acqua, riducendo così le irrigazioni.

Non solo ha riscontrato un'enorme differenza nel colore e nelle dimensioni delle foglie grazie alla crescita, ma ha anche osservato che le popolazioni di lombrichi erano tornate nei campi con le antenne magnetiche. Dopo decenni di agricoltura convenzionale che prevedeva arature estese e pesticidi, i lombrichi erano scomparsi da tempo dai suoi campi. In pochi anni di elettrocoltura, si è stupito di osservare che la popolazione di lombrichi è tornata soltanto nei campi dotati di dispositivi di elettrocoltura.

Figura 40 : Campo di cavoli con antenne magnetiche installate.

Figura 41 : Dispositivo di elettrocoltura interrato lungo la fila centrale di banani.

PIANTAGIONE DI BANANE DI FRANCK, BRASILE

L'immagine qui sopra mostra la crescita al primo anno di alberi di banane, tutti piantati nello stesso periodo. La fila di alberi sulla destra si trova sopra il filo collegato all'antenna magnetica. Gli alberi a sinistra sono quelli del gruppo di controllo. Gli alberi che beneficiano dell'elettrocoltura mostrano già una maggiore crescita e vitalità. Nell'immagine sottostante, dopo alcuni anni di crescita, è evidente l'enorme differenza tra gli alberi interessati dall'elettrocultura e l'area di controllo, priva di elettrocoltura.

La piantagione di banane tropicali di Franck Frouard si trova in un'area semi-arida dell'interno nord-orientale del Brasile, con scarse precipitazioni. Le file di piante sono lunghe circa 60 metri e distanziate tra loro di 2,5 metri. I cavi dotati di antenne sono stati interrati in diversi punti a 20 centimetri di profondità. Sono state create parcelle con e senza dispositivi per osservarne la differenza. Le due linee citate nell'esempio sono state piantate nello stesso momento ed hanno ricevuto le stesse cure in termini di nutrizione, acqua e sole. In queste aree del globo la vegetazione cresce complessivamente più velocemente a causa della temperatura e quindi le differenze di crescita tra le colture possono essere più marcate.

Figura 42: Evidente differenza di crescita.

Nei filari di piantagione di due anni e mezzo, Franck ha visto chiaramente che l'area d'influenza diminuiva man mano che aumentava la distanza dal cavo interrato. Secondo le sue osservazioni, l'influenza sembrava essere attiva fino a circa tre metri di distanza da ciascun lato del cavo. Era evidente che la vegetazione sottoposta ad elettrocultura era più densa, vigorosa e alta. Dall'immagine si può osservare una maggiore crescita dei banani sulla fila centrale trattata. La loro altezza è raddoppiata rispetto al filare esterno, all'estrema destra e all'estrema sinistra, che non sono stati influenzati dalle antenne.

DA CONSIDERARE: Il reddito

Il costo della quantità di filo di ferro zincato necessaria per installare questa tecnica di elettrocoltura su un ettaro nel 2020 è oscillato dai 100 ai 300 euro. Se si allestisse un ettaro quadrato con un'antenna installata ogni due metri, sarebbero necessarie cinquanta antenne magnetiche con un prezzo compreso tra 10 e 20 euro. Il tutto per un totale di 500-1000 euro di materiale. Un appezzamento rettangolare orientato a nord-sud potrebbe essere ancora più efficiente, in quanto necessiterebbe di un numero inferiore di magneti. La durata di vita dell'installazione è stimata da alcuni anni a diversi decenni, a seconda degli elementi corrosivi presenti nel terreno. In breve, un'installazione una tantum può aumentare drasticamente la produzione e costare meno di un anno di fertilizzazione chimica tradizionale.

ANTENNE ATMOSFERICHE

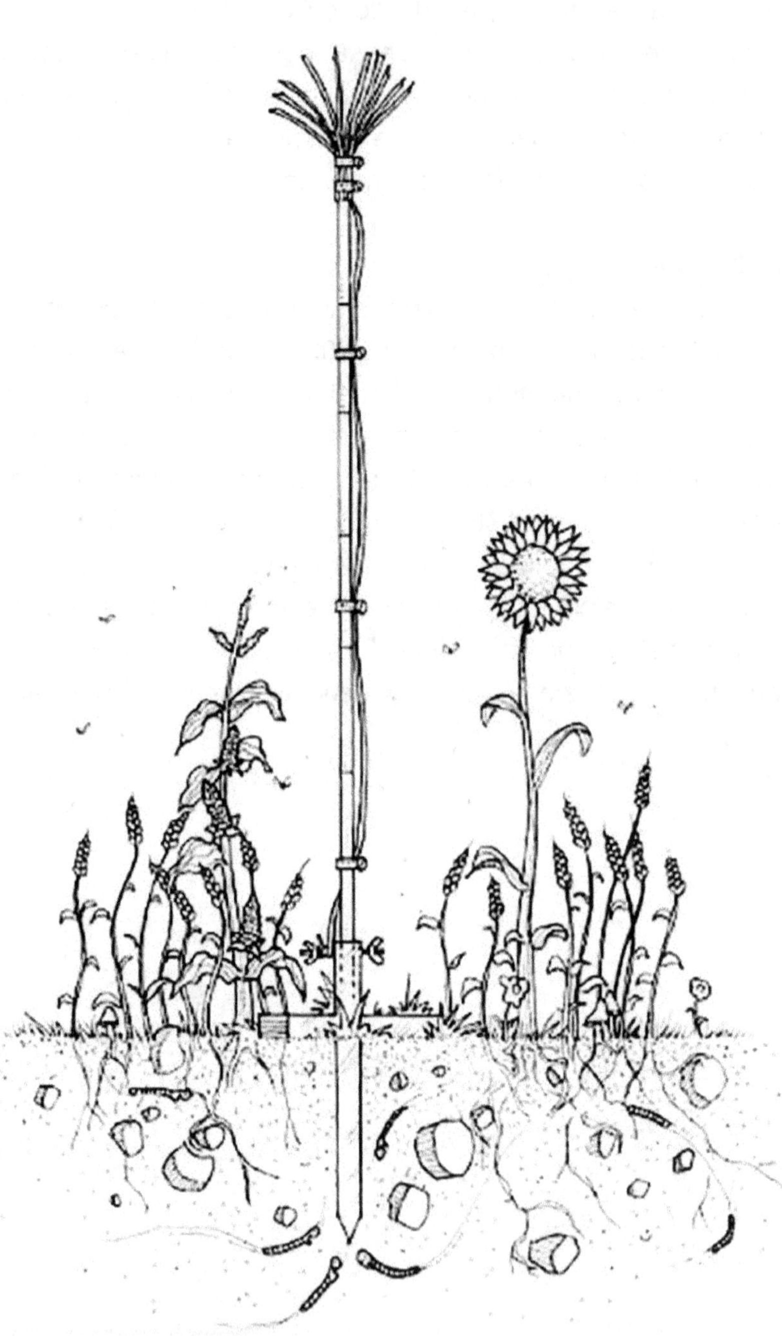

Figura 43: *Antenna atmosferica semplice.*

Per quanto se ne sa, la pratica di sfruttare l'energia atmosferica per l'agricoltura con alte antenne atmosferiche risale alla fine del XVIII secolo. Ci sono addirittura tracce di questa tecnica che risalgono al 600 d.C. sull'uso di alti pali sparsi nei campi agricoli. Gli elettrocoltori francesi fanno riferimento ai primi lavori dell'abate Bertholon e di frate Paulin in Francia e, negli anni '20, a Justin Christofleau, che notoriamente sviluppò il lavoro di frate Paulin combinando antenne, fili, ferro magnetizzato e un attento allineamento con l'orientamento nord-sud del campo magnetico terrestre[5].

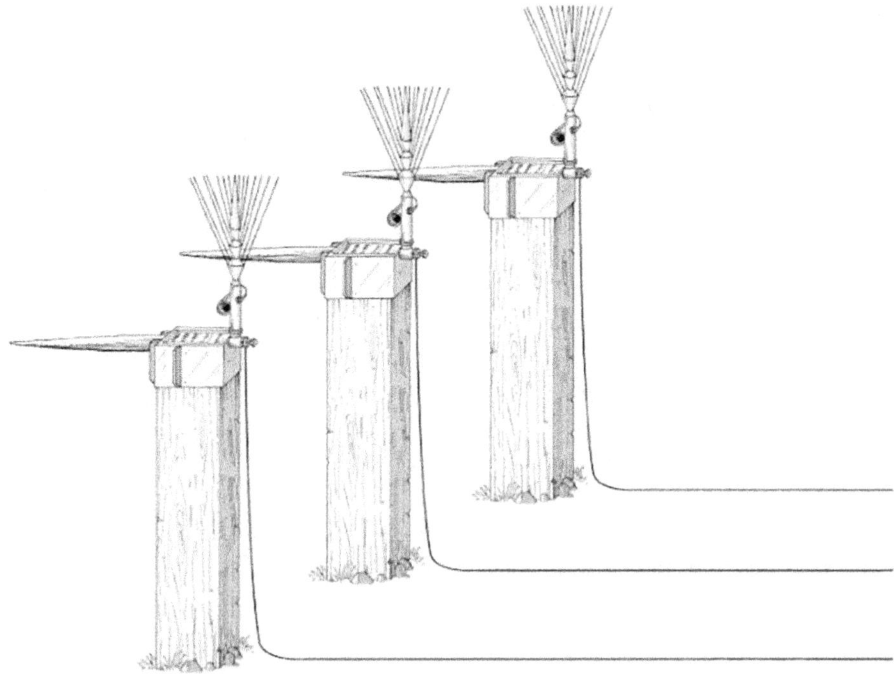

Figura 44: Progetto di Justin Christofleau

In Nord America, all'inizio del 1900, gli agronomi sembravano essere più concentrati sulla sperimentazione dei metodi di elettrocultura diretta, spingendo decine di migliaia di volt attraverso linee elettriche per trattare i campi, con alcuni progetti finanziati persino dal Dipartimento dell'Agricoltura degli Stati Uniti.

---

[5]*Pierre. De l'électricité des Végétaux, 1783; Paulin, Frère. De L'Influence de L'électricité sur la Végétation, 1890; Christofleau, Justin. Elettrocultura, 1927.*

Chiunque abbia familiarità con la pratica del grounding (radicamento) avrà già esplorato l'idea degli esseri umani che fungono da antenne, partecipando con i piedi per terra allo scambio di energia con il nostro pianeta. Matteo Tavera la chiama la nostra «Missione Sacra» e ci invita ad accettare il nostro ruolo di antenne umane per guarire noi stessi e il pianeta[6]. L'elettrocoltura nasconde molto più di quanto la scienza e la tecnologia possano spiegare, ma non si tratta di qualcosa che si può insegnare. È un qualcosa che si acquisisce con l'esperienza.

Principi di lavoro scientifici

Le spiegazioni scientifiche di come un'antenna atmosferica interagisce con l'elettricità non spiegheranno tutti i fenomeni che potremo osservare intorno ad essa, ma ci aiuterà a comprenderne molti. Gli scambi elettrici con i metalli conduttori vengono esaustivamente spiegati nell'ambito della ricerca sui parafulmini e sul modo in cui questi ci proteggono dai danni causati dai fulmini. Le antenne atmosferiche sono strettamente correlate ai parafulmini, con origini e metodi di costruzione simili.

Capire l'energia atmosferica

L'atmosfera inferiore (la troposfera) è piena di cariche elettriche libere. In un campo aperto, partendo dal suolo, per ogni metro d'altezza, possiamo calcolare un aumento di carica di circa 100 volt. Ciò significa che ad un metro dal suolo c'è una carica di circa 100 volt e a cinque metri di altezza si arriva a circa 500 volt. Nelle fasce con voltaggio più alto, le piante subiscono una maggiore pressione di parassiti e malattie rispetto alle fasce con voltaggi più bassi, dove le piante sono generalmente più sane.

Sebbene la tensione sembri elevata, questa ha un amperaggio estremamente basso, quindi non percepiamo questa elettricità; il più delle volte passa inosservata. È molto difficile misurare questi campi di tensione o campi elettrici statici con i comuni dispositivi di misurazione. Per poter effettuare le misurazioni, gli scienziati ricercatori hanno bisogno di apparecchiature specifiche. Un voltmetro standard non è in grado di misurare questi campi di tensione a causa della sua esigua sensibilità e dei principi di funzionamento interni non adeguati a questo scopo.

---

[6]*Matteo. Sacred Mission, 1969. Traduzione di George Verdon, 24 aprile 2008.*

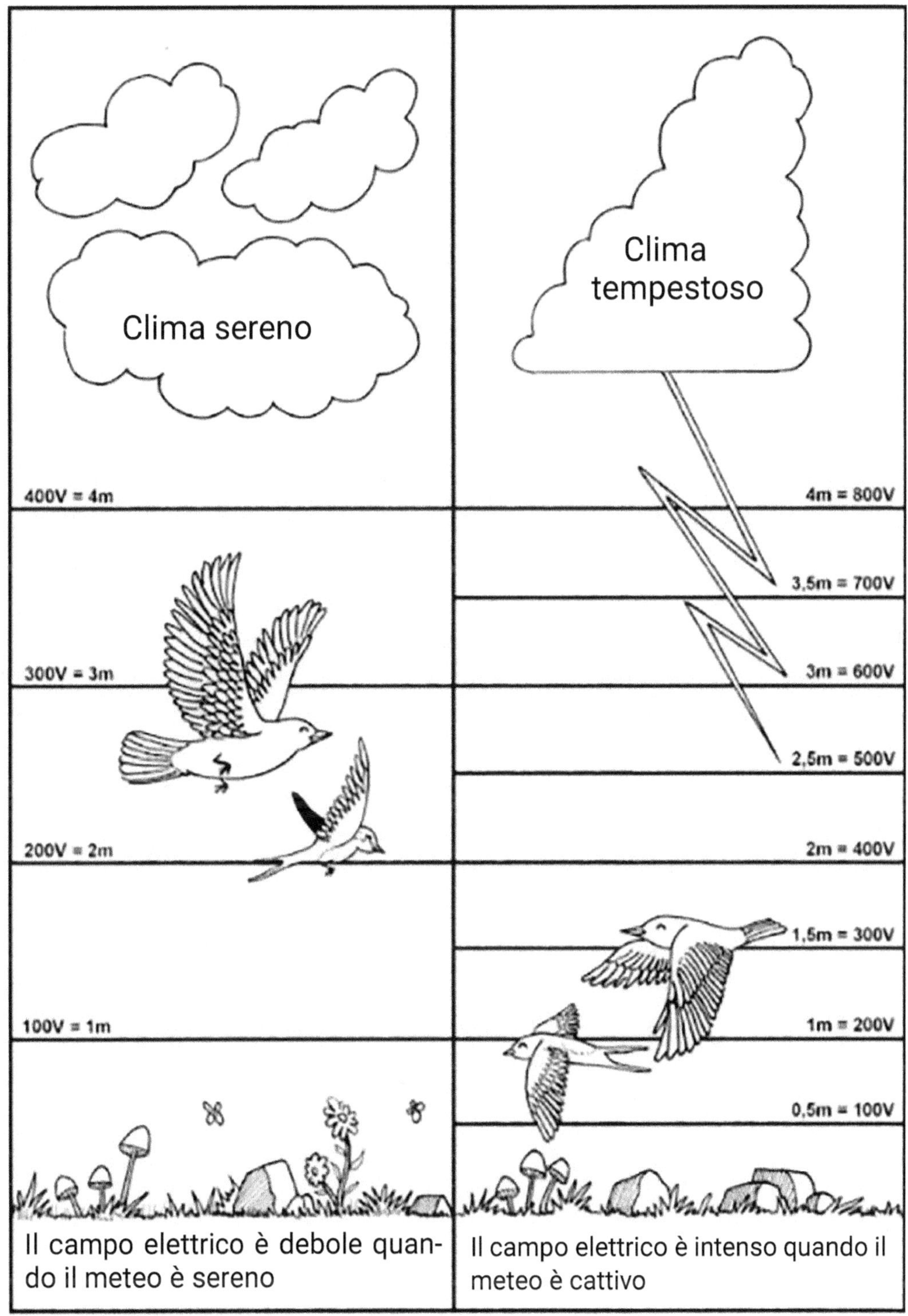

Figura 45 : *Bande di tensione atmosferica.*

Con l'aiuto delle immagini qui sopra e quelle sottostanti, si può iniziare a comprendere le bande orizzontali di campo che caratterizzano questi cambiamenti di tensione e di come le bande possono cambiare con il tempo. Alberi e piante influenzano le bande di tensione. Grazie all'altezza di una pianta, la banda di campo può essere sollevata più in alto rispetto al suo standard, riducendo così la tensione vicino al suolo. Le antenne possono fare lo stesso. Più alta è l'antenna, più alta può essere la banda di campo e più bassa la tensione al di sotto di essa.

Un'antenna stimolerà lo scambio di elettricità tra la terra e l'atmosfera. Se all'antenna aggiungiamo anche un filo zincato e lo interriamo con orientamento nord-sud, il filo faciliterà questo scambio.

La carica negativa della terra, che troviamo presso la crosta terrestre sotto i nostri piedi, si sposa in modo armonioso con la carica prevalentemente positiva presente nella nostra atmosfera.

Il potenziale maggiore per raggiungere l'apice di questo felice matrimonio si trova negli strati più alti dell'atmosfera, ed è per questo che puntiamo a erigere le nostre antenne il più in alto possibile. La terra scarica costantemente elettroni e gli alberi partecipano volontariamente ai processi di elettroosmosi. Il fulmine contribuisce a questo equilibrio agendo come forza regolatrice, scaricando cariche negative sulla terra[7].

La terra mantiene un equilibrio a livello globale: una tempesta in una parte del globo, ad esempio, risolve un accumulo elettrico in un'altra parte del globo. «Le punte di tutti gli elementi naturali agiscono come un imbuto che favorisce lo scambio elettrico [l'effetto punta]. Il corpo di maggiori dimensioni agisce come elemento intermediario di scambio tra le punte e la terra». E tutto questo, sotto la sottile influenza del sole, della luna e delle stelle. È sufficiente per lasciarci a bocca aperta.

---

[7]*Matteo. Sacred Mission, 1969, p9. Traduzione di George Verdon, 24 aprile 2008.*

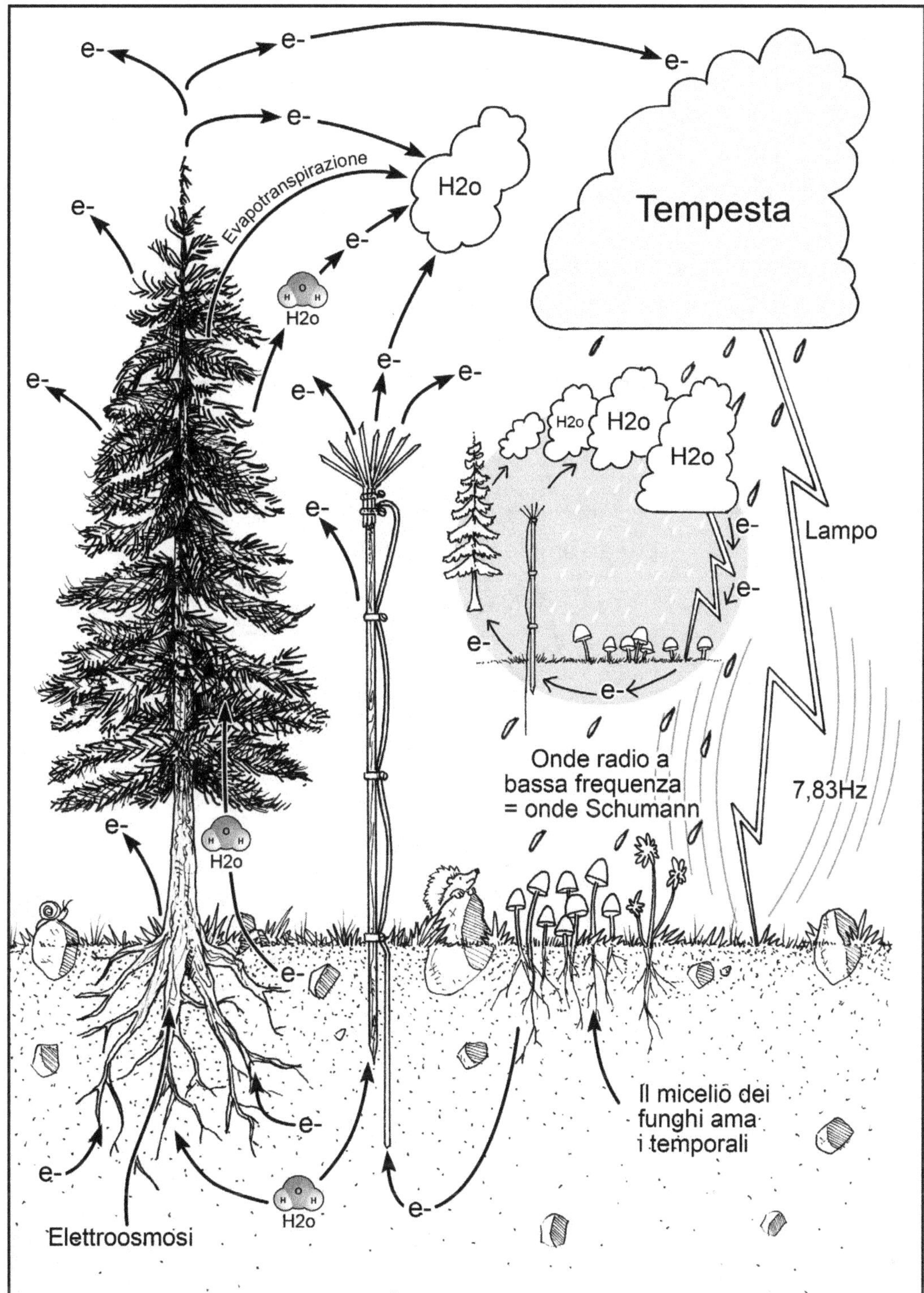

Figura 46 : Illustrazione dell'effetto punta e dell'elettroosmosi

59

In natura, l'effetto punta è un fenomeno del tutto naturale. Un esempio ne sono i peli del corpo di un'ape, la lana della pelliccia di una pecora o le punte delle piume di un uccello, ogni punto del corpo degli animali funziona come una punta che facilita lo scambio elettrico. Senza dimenticare che anche i nostri capelli ci collegano alla dimensione cosmica.

Nel caso delle antenne atmosferiche, le parti appuntite che aggiungiamo, in alto, facilitano l'effetto punta e lavorano per scambiare elettroni. Li captano e li rilasciano. Sono relè atmosferici, non semplici ricevitori. Questo è importante da capire se vogliamo innovare e progettare antenne sempre più efficaci (e belle).

L'effetto ombrellone

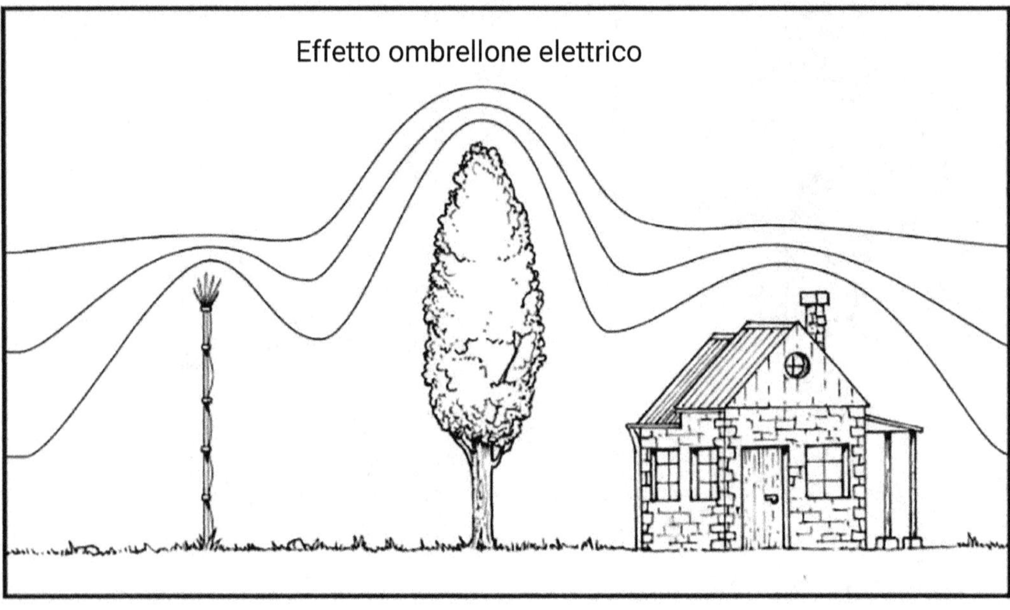

Figura 47 : *L'effetto ombrellone.*

Quando si installa un'antenna, è importante considerare gli alberi, gli edifici e le linee elettriche nelle vicinanze. Qualsiasi albero o struttura più alta dell'antenna sottrarrà energia all'atmosfera, rendendola meno disponibile per l'antenna. Questo fenomeno è chiamato effetto ombrellone e, se lo prendiamo in considerazione, possiamo scegliere con maggiore attenzione la posizione più efficace per l'installazione di un'antenna.

Area di influenza

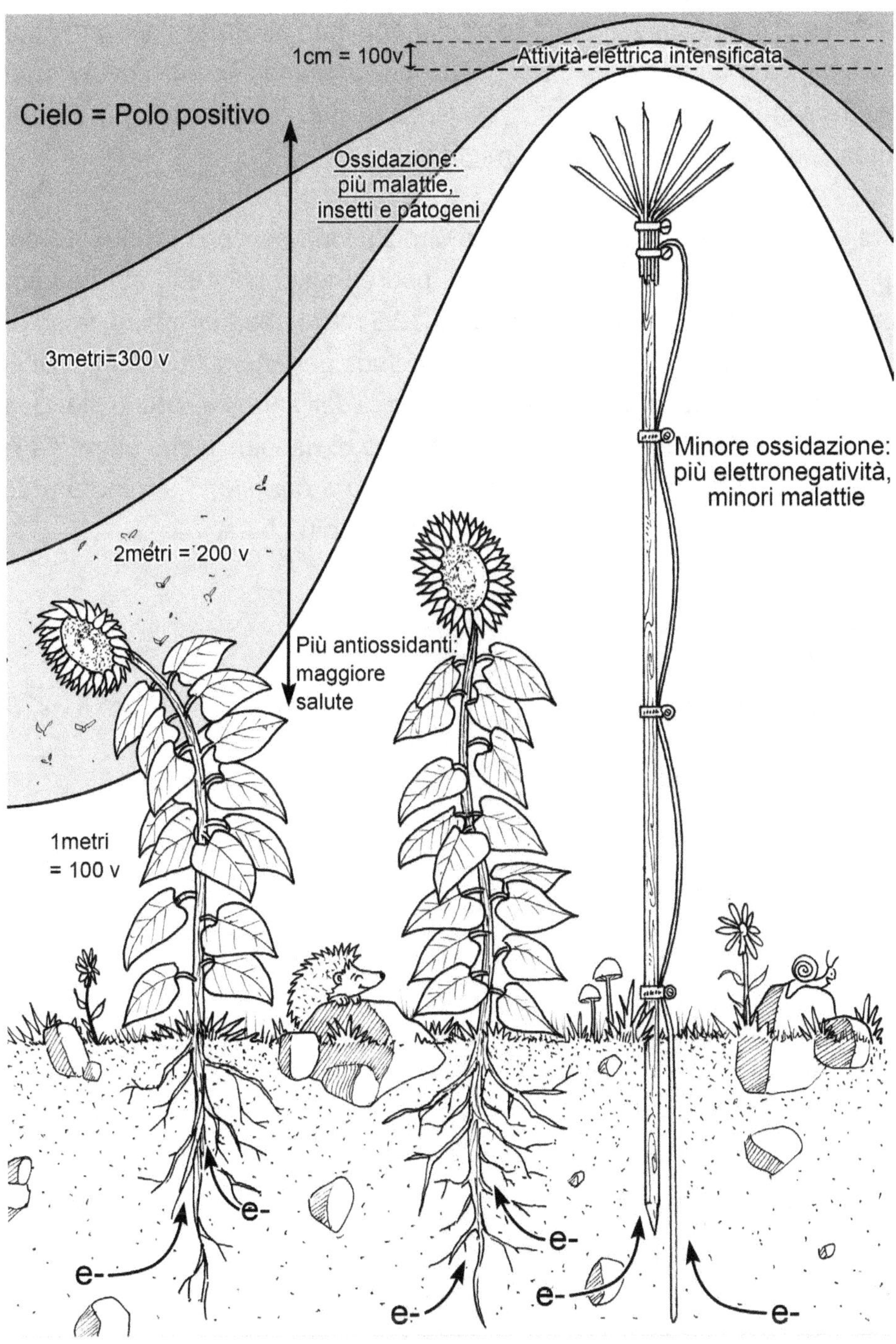

Figura 48 : *L'effetto ombrellone.*

L'area di influenza si riferisce alla zona che fruisce dell'impatto positivo di un'antenna o di un'altra applicazione di elettrocoltura. Nel caso delle antenne atmosferiche, l'area di influenza si estende per un raggio pari all'altezza dell'antenna, con un evidente calo a campana. Se si posiziona l'antenna al centro di un appezzamento della stesso tipo di coltura, si assiste a questo calo, con le piante più vicine all'antenna che mostrano i risultati migliori.

A volte l'area di influenza può arrivare molto più lontano, con un'influenza doppia o tripla rispetto al normale. Nella storia, padre Paulin nel 1894 poté addirittura misurare, in rari casi, che un'antenna alta 12,5 metri ebbe un'influenza su un ettaro. Si tratta di un'area eccezionalmente grande per una sola antenna. Di solito si considera un effetto del raggio pari all'altezza dell'antenna o poco più. Quando si erigono più antenne insieme si ha un effetto di risonanza che aumenta l'area di influenza. Inoltre, quando si collega l'antenna a dei fili nel terreno o a dei fili sopraelevati, l'area di influenza può essere molto più grande.

Figura 49 : Torre eretta nella regione del Beaujolais.

Utilizzo come antenna parafulmine

Uno dei vantaggi della costruzione di torri molto alte è l'effetto di mitigrazione che può avere sugli eventi atmosferici intensi. Questa torre alta 40 metri nel Beaujolais, chiamata Electric Niagara, è stata eretta intorno al 1910 per proteggere i vigneti e gli ortaggi dalla grandine. Considerando gli effetti devastanti che la grandine o una gelata tardiva o precoce possono avere su di alberi da frutto e viti, soluzioni come questa possono fare la differenza tra un successo e un fallimento.

Sicurezza in caso di temporali

Anche se non abbiamo ancora ricevuto testimonianze di antenne colpite da fulmini, non consigliamo di sostare vicino alla propria antenna durante un temporale. Come abbiamo appreso a proposito dell'effetto punta, le antenne possono potenzialmente attirare una scarica di elettricità, soprattutto in ampi spazi aperti. Nel caso in cui un'antenna venga colpita da un fulmine, sembrerebbe essere un bersaglio migliore rispetto ad un albero o alla casa, ma comunque dobbiamo essere prudenti. I parafulmini o le antenne atmosferiche scaricano continuamente l'elettricità in eccesso nell'aria e nel suolo, evitando un accumulo eccessivo di carica. In questo modo, l'antenna riduce il potenziale distruttivo dei fulmini e di altri fenomeni atmosferici.

COME SI FA: Costruzione dell'antenna

Un'antenna atmosferica ha alcune parti principali che devono essere assemblate correttamente per ottenere risultati funzionali: il palo principale, la sommità o corona (che favorisce l'effetto punta), un filo conduttore che dalla sommità arriva a terra e, se si vuole estendere l'area di influenza, una rete di fili o dei pezzi di recinzioni.

Nella sua forma più semplice, un'antenna atmosferica può essere costituita da un palo e da una corona, purché il palo sia conduttivo. Tuttavia, non è necessario che il palo sia conduttivo. In caso contrario, sarà necessario un filo che colleghi la sommità apicale alla terra. Questo aspetto verrà approfondito più avanti.

Quanto deve essere alta un'antenna atmosferica ?

Un'antenna atmosferica funziona meglio se si trova al di sopra della linea degli alberi e degli edifici. Come mostrato in precedenza con l'effetto ombrellone, alberi alti e altri elementi che fungono da ostruzione influenzano la capacità dell'antenna di captare energia atmosferica. Un'altezza di tre o quattro metri è il minimo che si possa consigliare, ma in definitiva più alta è l'antenna, più energia atmosferica può raccogliere e migliori sono i risultati ottenuti.

La scelta dei metalli

Per realizzare antenne atmosferiche si può utilizzare qualsiasi tipo di metallo. I più comuni che utilizziamo sono l'acciaio zincato, il rame e l'alluminio. L'alluminio è il meno costoso, ma è anche il meno resistente e può ossidarsi più rapidamente a contatto con altri metalli.

Le prime antenne prodotte dal frate Paulin nel 1894 erano completamente in rame. Egli pose una corona di fili di rame in cima ad un asta e la collegò con un filo di rame al terreno. Negli anni Venti, Justin Christofleau utilizzò soprattutto fili di acciaio zincato per realizzare le sue antenne atmosferiche. Sia Paulin che Christofleau ottennero ottimi risultati.

Un agricoltore moderno di nome Maxime, nel Bénin, in Africa, utilizza fili e pali di alluminio al 100% per realizzare le sue antenne atmosferiche, perché è più facile da reperire e meno costoso da acquistare. Anche lui ha ottenuto ottimi risultati negli ultimi anni. Quindi non fatevi scoraggiare: lavorate con quello che avete!

Figura 50 : *Area di influenza.*

Evitare la ruggine

Per evitare la formazione di ruggine su qualsiasi parte del palo, è necessario dipingerlo con una vernice zincata conduttiva, che galvanizza e protegge. Se le punte della sommità sono in filo zincato o in acciaio inox, non si arrugginiscono, mantenendo così il funzionamento dell'antenna. Se il palo si arrugginisce un po', non preoccupatevi, non influirà sull'efficienza.

Progettazione della sommità

Il design della corona è un'opportunità per la creatività. Se manterrete il principio di progettazione considerando l'effetto punta, sarete sulla strada giusta. Considerate la possibilità di mescolare fili, anelli ed altri elementi creativi. Si possono creare antenne sia funzionali che artistiche e, come dice Yannick, «la bellezza è anch'essa un raccolto, il raccolto del cuore». Per costruire una corona per l'antenna, si possono utilizzare diversi metodi per garantirne la corretta connettività elettrica e la durata nel tempo. In principio Yannick aveva assemblato dieci fili di ferro zincato con un buono spessore e li aveva saldati ad un pezzo di tubo d'acciaio con un diametro interno di 10-12 millimetri. A partire dal suo progetto successivo, Yannick non salda più i fili al tubo. Li colloca invece all'interno di un pezzo di tubo di rame e lo stringe per mantenerlo in posizione.

La sommità può quindi essere facilmente inserita nella parte superiore del tondino di ferro che funge da palo o di in tubo di rame. Per fissare in modo permanente la corona al palo si possono usare bulloni fissi o bulloni a farfalla, che offrono anche l'occasione e il luogo perfetti per collegare un filo di ferro zincato o un filo di rame. Ecco alcuni esempi di varianti che potreste prendere in considerazione per assemblare una corona e fissarla alla sommità del vostro palo di sostegno.

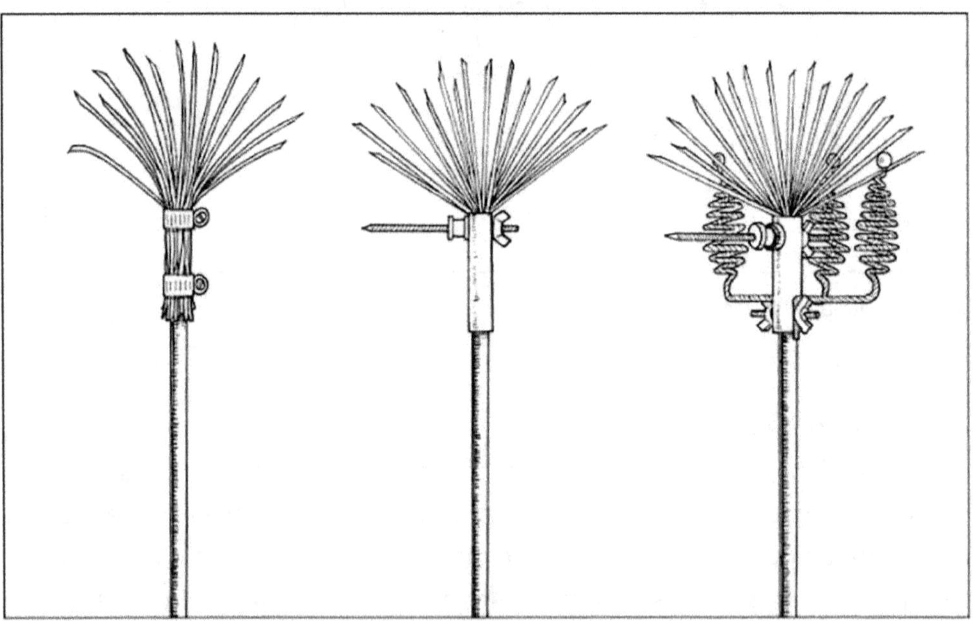

Figura 51 : *Diverse sommità ed i relativi fissaggi.*

Aggiunta di un magnete alla sommità

Si può anche aggiungere un magnete alla sommità procurandosi dei magneti ad anello in ferrite, che hanno un foro per facilitarne il fissaggio alla base della corona. In questo caso, si combina l'antenna elettrica atmosferica con l'effetto magnetico dell'antenna, un progetto due in uno.

Figura 52 et 53: *Esempi di montaggio di un magnete su un palo.*

Questi magneti di ferrite possono essere infilati orizzontalmente su un lungo bullone (va bene lo stesso bullone che tiene in posizione la corona), in modo da accentuare il campo magnetico a livello locale e fungere da antenna per le energie magnetiche della terra. Non è funzionale usare magneti più forti, come quelli al neodimio. Non produrranno risultati migliori per il solo fatto che il magnete è più forte, ma renderanno l'antenna più costosa. Anzi, è vero il contrario: più il magnete è debole e naturale, meglio funzionerà e più ampia sarà l'area influenzata.

Figura 54 : Aggiunta di un puntale alla base della sommità.

Il puntale nord-sud delle antenne qui sopra ricorda l'elemento appuntito in direzione nord-sud delle prime antenne di Justin Christofleau, progettate negli anni Venti e descritte nel suo libro Electroculture del 1925. Questa aggiunta aiuta a captare le energie magnetiche della Terra, quindi è importante che questa parte sia fatta di un materiale ferromagnetico come il ferro, la ghisa zincata, la ghisa o un magnete ben orientato.

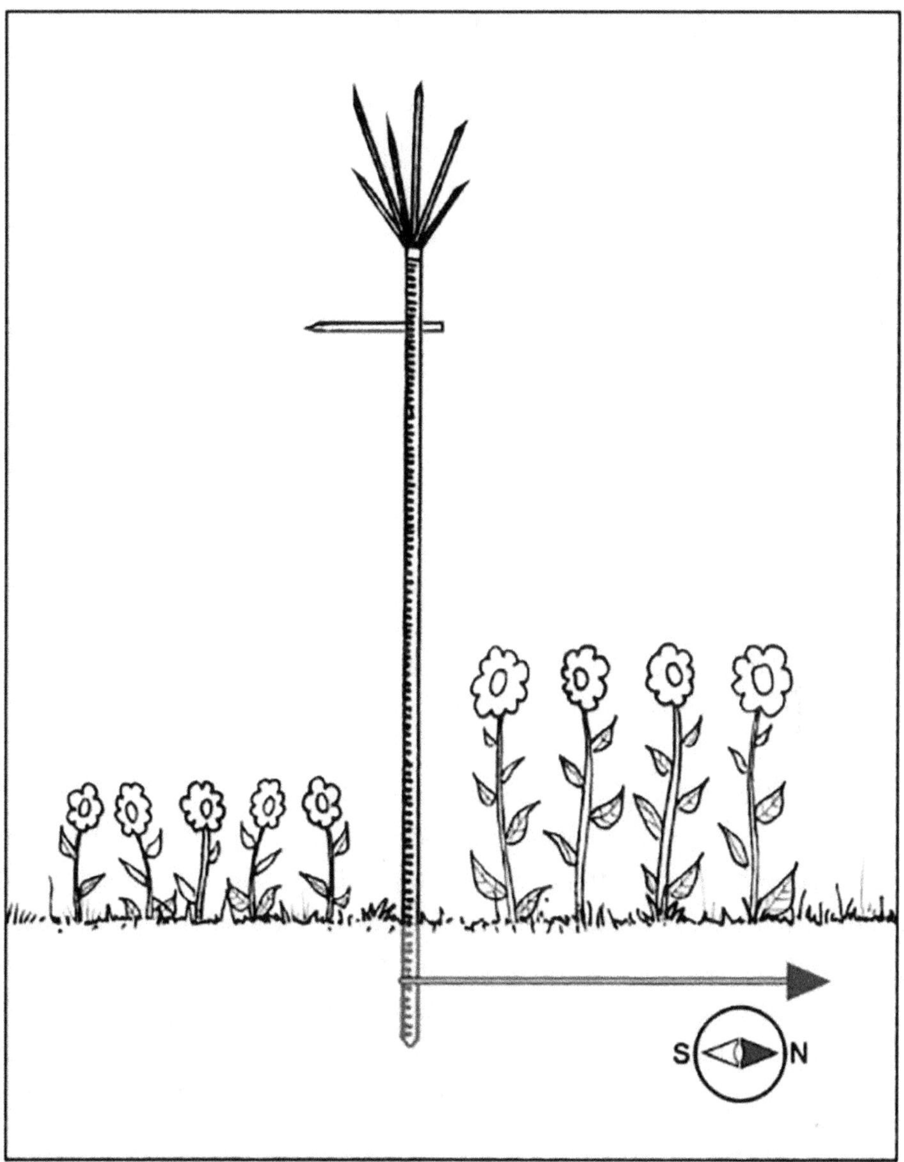

Figura 55 : *Orientamento corretto del puntale.*

Quando utilizziamo solo fili diretti verso il cielo, raccogliamo l'elettricità atmosferica, realizzando un'antenna di tipo elettrico che beneficia e stimola la trasmissione elettrica tra l'atmosfera e la terra. Quando aggiungiamo il puntale di ferro magnetizzato orizzontale alla base della corona e lo orientiamo verso sud-nord, creiamo un'antenna magnetica che raccoglie le energie magnetiche trasmesse dal campo magnetico terrestre. Si tratta di due tipi di energie diverse, entrambe benefiche per la fertilità del suolo e per la crescita delle piante. In questo caso le nostre antenne diventano due in una, come l'antenna magnetica terrestre cilindrica.

COME SI FA: Installazione ed orientamento

Le energie magnetiche ed elettriche hanno flussi direzionali diversi; è utile capirlo se vogliamo ottimizzare i nostri progetti e le nostre installazioni.

L'energia magnetica raccolta si propagherà solo in direzione sud-nord e non in altre direzioni, motivo per cui non installiamo antenne magnetiche cilindriche orientate in direzione est-ovest. Va detto che la direzione deve essere sempre da sud a nord, indipendentemente dalla posizione sulla terra: emisfero sud o emisfero nord. Se il filo o l'antenna magnetica non sono orientati correttamente, non funzionano perché non sono allineati con il campo magnetico naturale che va da sud a nord.

Le energie elettriche, tuttavia, si propagheranno intorno all'antenna e attraverso i fili in qualsiasi direzione intorno all'antenna, ma le energie non si propagheranno così lontano come le energie magnetiche potrebbero fare verso nord.

Montaggio della sommità e dell'antenna

Forse la cosa più importante da ricordare quando si assembla un'antenna è che la corona è il collettore, ma l'energia raccolta deve viaggiare in qualche modo verso il terreno o verso qualsiasi cosa si stia stimolando (ad esempio, acqua, materiale galvanizzato per recinzioni, ecc.) Pertanto, se il palo non è conduttivo, è necessario utilizzare un filo come conduttore e stabilire un contatto con la sommità (avvolgendo il filo intorno alla sommità o utilizzando una clip metallica o una fascetta per tubi). Il filo può quindi trasportare l'energia raccolta verso il basso.

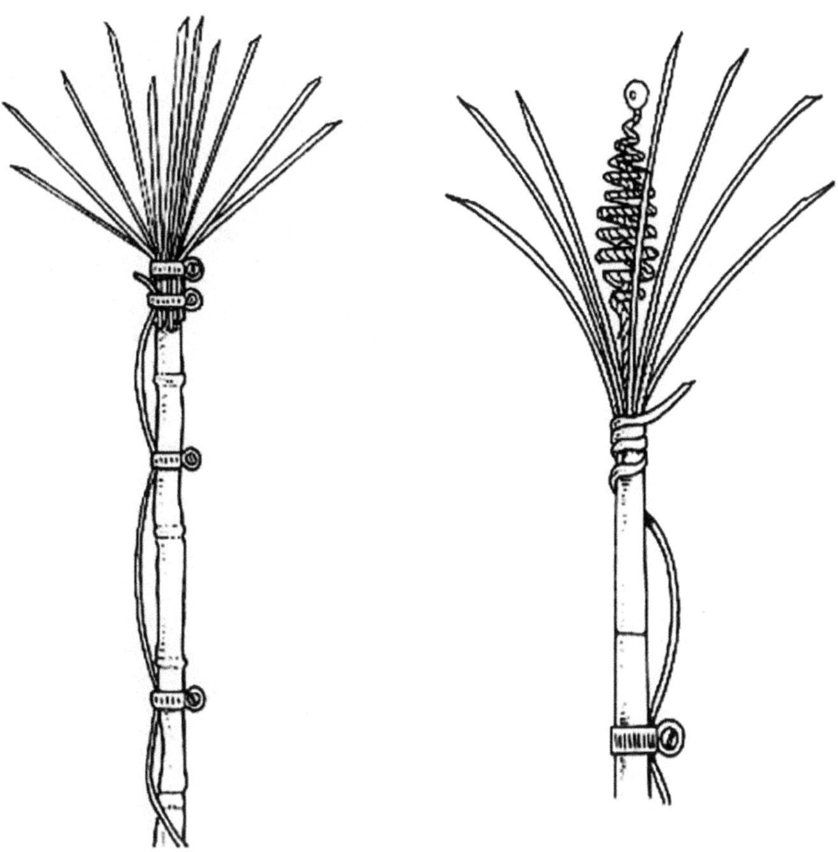

Figura 56 : *Filo conduttore collegato alla sommità.*

Fissare il cavo al pilone

Se si utilizza un filo conduttore, sarebbe opportuno fissarlo al palo o avvolgerlo intorno al palo durante la discesa, in modo che non sia allentato e non possa impigliarsi in qualcosa.

Fissare il palo nel terreno

Esistono diversi modi creativi per fissare l'asta al suolo e quasi tutto va bene, purché l'antenna sia stabilizzata e non rischi di cadere in una giornata ventosa. Il negozio di ferramenta locale può fornire alcune soluzioni, solitamente destinate al montaggio di pali, recinzioni ed ombrelloni. Se l'antenna è particolarmente alta o flessibile, può essere necessario fissare dei tiranti al palo per stabilizzarlo.

Figura 57, 58, 59 e 60: Esempi di fissaggio di un palo al suolo.

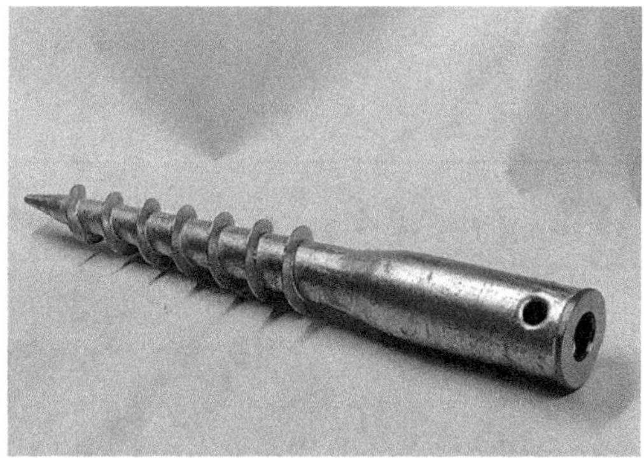

Figura 61 : *Supporto a vite.*

Figura 62 : *Un supporto a vite di grandi dimensioni è un'altra possibile soluzione per fissare il palo al suolo.*

Figura 63 : *Installazione del supporto a vite.*

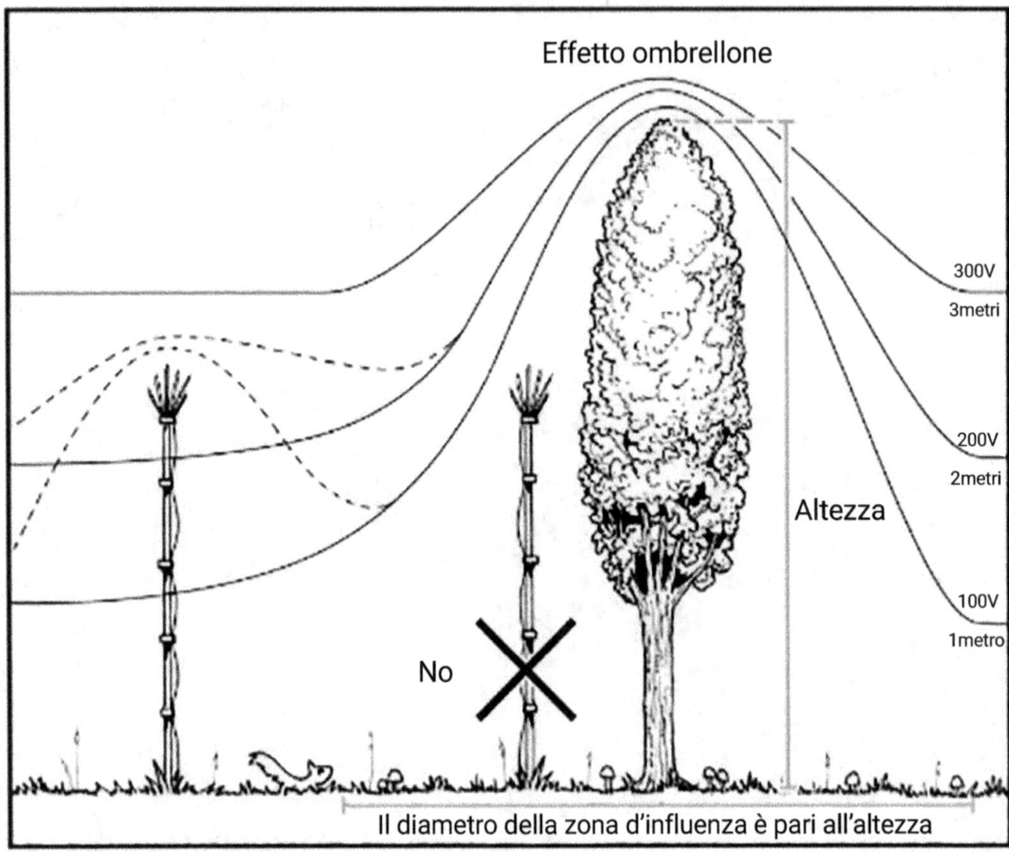

Figura 64 : *Posizionamento dell'antenna rispetto agli alberi.*

Se si posiziona l'antenna troppo vicino ad un albero, si sottrae dell'energia atmosferica all'albero stesso. Ricordate che anche gli alberi sono antenne e che quando posizioniamo le antenne troppo vicine agli alberi li priviamo del loro flusso naturale e quindi possiamo danneggiarli o ucciderli. L'antenna deve essere posizionata ad una distanza tale da non interferire con la capacità dell'albero di completare il flusso naturale dell'elettroosmosi. La distanza dell'antenna deve essere rapportata all'altezza dell'albero: se un albero è alto cinque metri, si deve calcolare un diametro di cinque metri intorno all'albero e non va collocata un'antenna all'interno di questo cerchio.

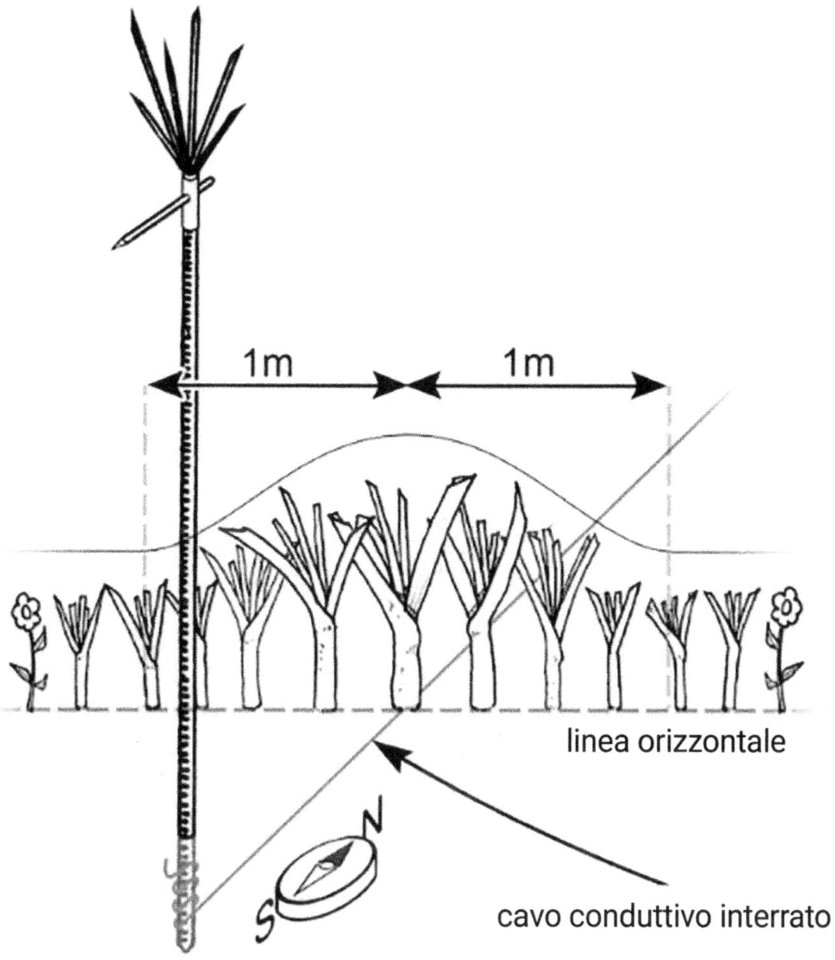

Figura 65 : *L'area di influenza si amplifica correndo lungo il fil.*

È possibile estendere l'area di influenza dell'antenna attaccando un filo zincato alla base del palo ed interrandolo nel terreno. Questa tecnica risulta più efficace se il filo è diretto verso nord a partire dall'antenna atmosferica, ma i fili possono anche essere attaccati tra loro ed interrati in file lineari per trattare un'area più ampia. Anche in questo caso, l'interramento dei fili con orientamento nord-sud darà i migliori risultati. È molto importante fissare i fili in modo meticoloso. Di seguito ne vengono illustrati alcuni esempi.

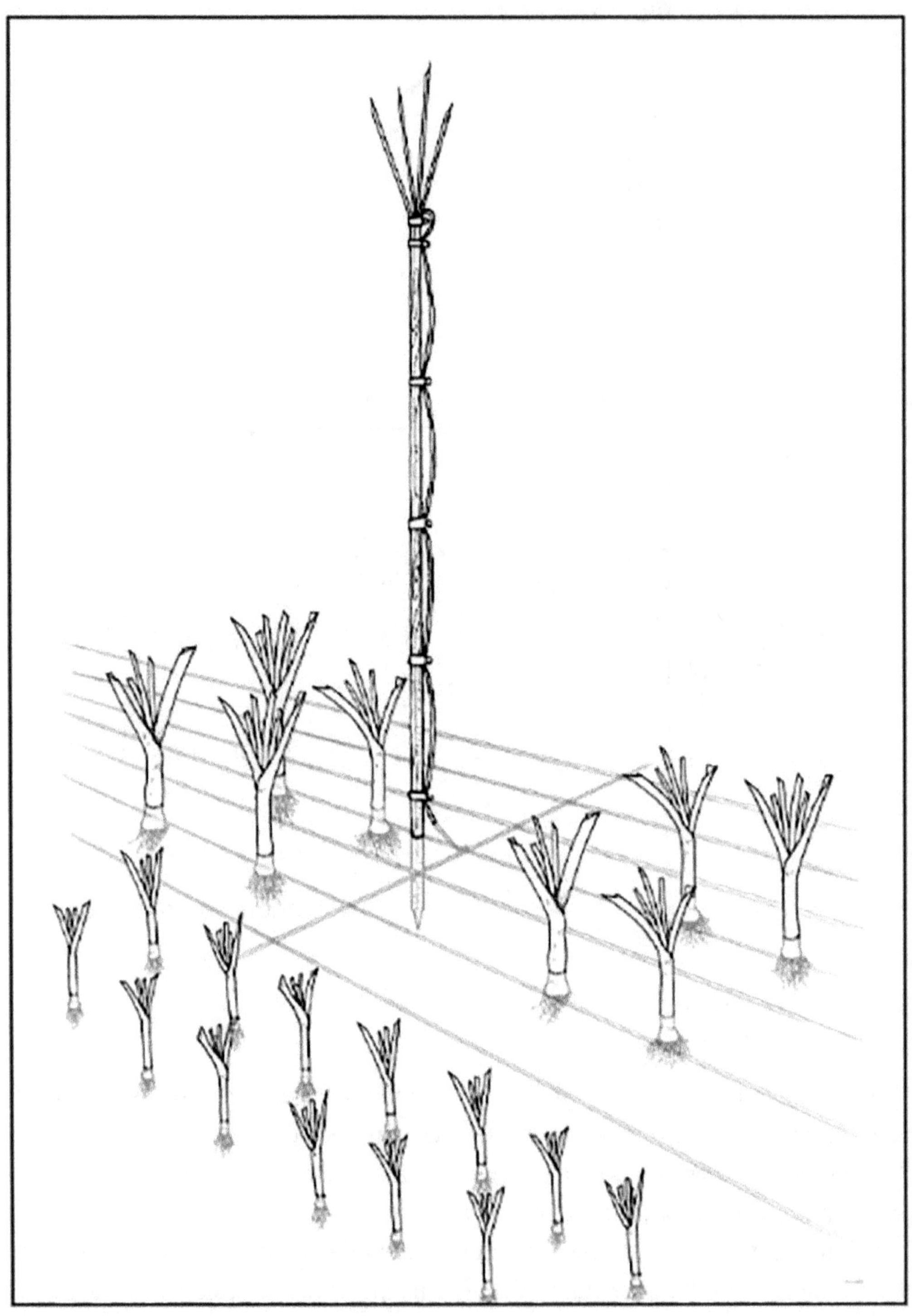

Figura 66 : *Aumento dell'area di influenza lungo i fili.*

Antenne connesse a recinzione zincata

Una recinzione zincata, orientata in direzione nord-sud (lungo l'asse del campo magnetico terrestre), può essere interrata. Un secondo pezzo di recinzione viene interrato parallelamente al primo, ad una distanza compresa tra uno e tre metri, ed è collegato all'antenna. Il primo pezzo di recinzione parallelo non viene collegato al secondo pezzo, né al filo dell'antenna. In questo modo si crea una zona di stimolazione tra le due recinzioni, che rappresenta la vostra area di influenza.

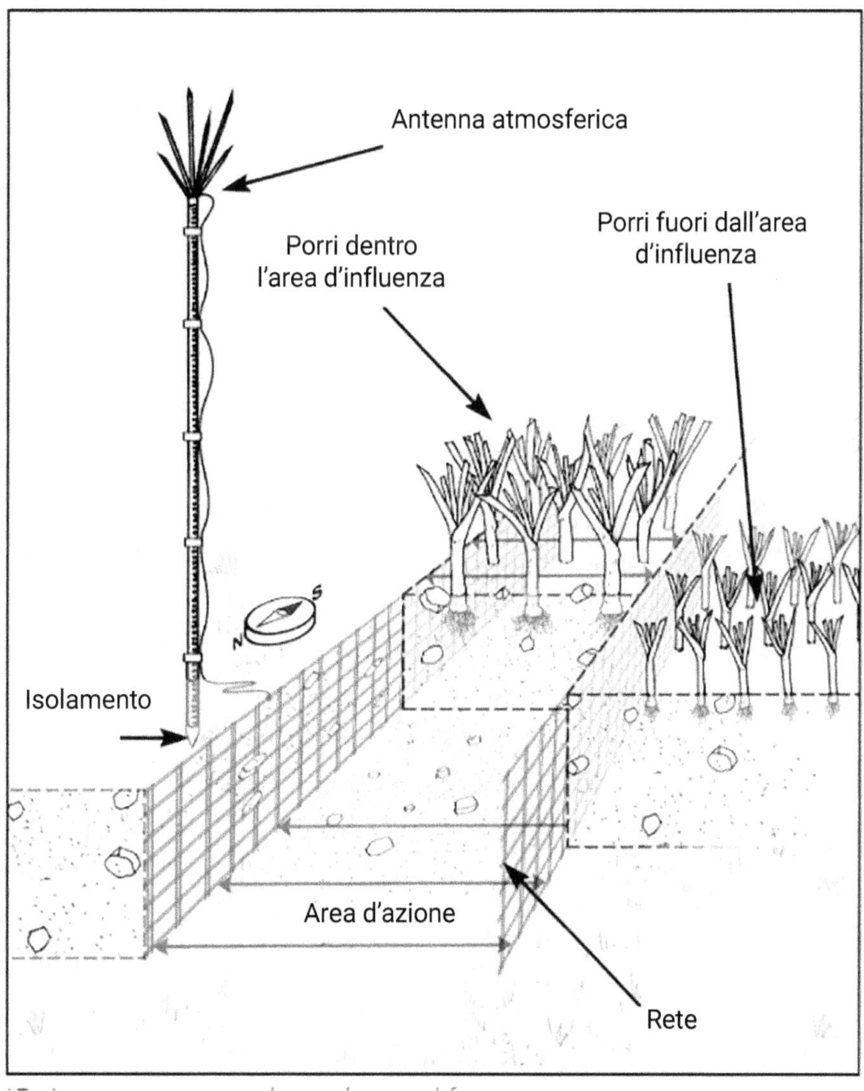

Figura 67: Antenna collegata a una recinzione galvanizzata.

Il segreto del successo in questa particolare installazione sta nel convogliare l'energia raccolta nella rete e non nel terreno (come avviene normalmente nelle installazioni di antenne). È importante che l'antenna non sia direttamente connessa al terreno in virtù dell'utilizzo di un materiale conduttivo come il palo o di un filo non isolato che tocchi il terreno, altrimenti non potremo convogliare l'energia nella rete: essa si convoglierà nel terreno attraverso il palo o il filo nudo quando questi entrano in contatto con il suolo. Se si isola il filo o si utilizza un palo non conduttivo, si potrà ovviare a questo problema.

Come per le altre installazioni di antenne, la sommità deve essere collegata a un filo che scende lungo il palo e si attacca alla rete senza entrare in contatto con il terreno. (Vedere la sezione sul corretto collegamento dei fili di seguito).

Antenne con filo zincato a cerchio

Figura 68: Area di influenza concentrata all'interno della recinzione.

La collocazione di una rete metallica zincata o di un anello di rete intorno a un'antenna può migliorare i risultati nell'area di influenza, facilitando lo scambio energetico tra l'antenna e la rete. In questo modo si crea un campo elettrico più omogeneo tra l'antenna e la recinzione. Può rendere i risultati più uniformi dall'antenna all'anello di recinzione esterno, a differenza di quanto avviene senza l'anello, dove l'influenza dell'antenna si riduce come una campana più lontana dall'antenna. La recinzione può essere posizionata in superficie o leggermente interrata. Il raggio del cerchio non deve superare l'altezza dell'antenna.

Collegamento dei fili

Quando colleghiamo i fili delle antenne ed altri materiali conduttivi, come fili zincati interrati o spalliere di frutteti oppure recinzioni, dobbiamo prestare molta attenzione a mantenere la conduttività con collegamenti meticolosi. Justin Christofleau ha sottolineato l'importanza di questo aspetto nel suo lavoro, quando ha fatto passare i cavi attraverso grandi campi agricoli dove connessioni tra i cavi mal realizzate minacciavano di minare intere installazioni. Ecco alcune dimostrazioni visive di come collegare i fili per garantire la conduttività fino alla fine delle installazioni.

Figura 69: Antenne atmosferiche collegate ai fili del frutteto.

Anche se l'antenna in questa immagine è abbastanza vicina all'albero, è utile per dimostrare come colleghiamo i fili in situazioni in cui ci sono fili esistenti che corrono lateralmente in un vigneto o in un frutteto. In questo caso, il filo laterale non tocca il suolo; quindi, oltre a collegare l'antenna al filo laterale del frutteto, si collegano altri fili dal filo laterale al suolo per trattare ogni albero lungo il filare.

Ecco alcuni esempi ravvicinati di metodi di collegamento dei fili:

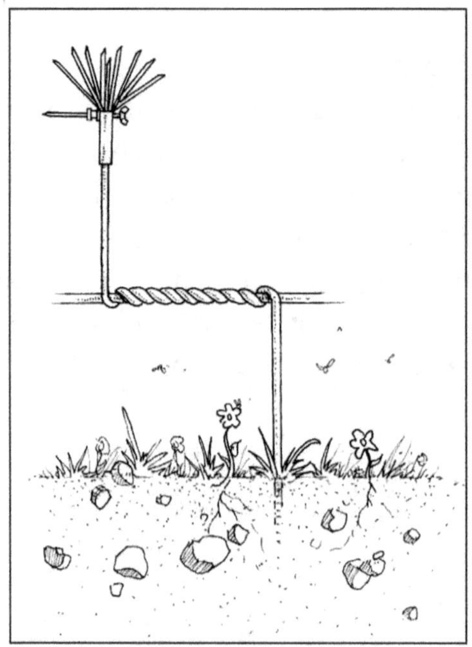

Figura 70: *Assicurarsi di effettuare collegamenti accurati.*

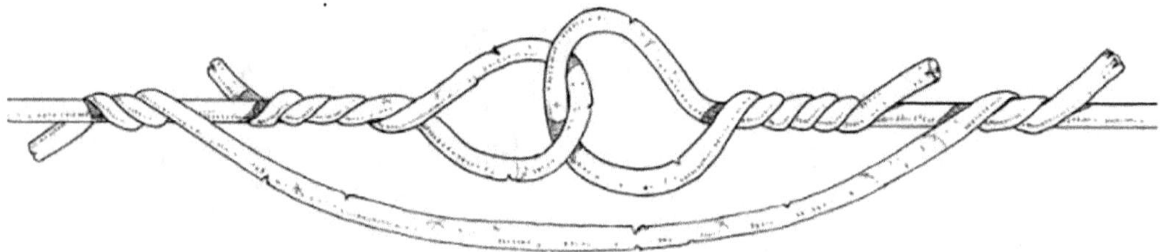

Figura 71: *Possibile collegamento.*

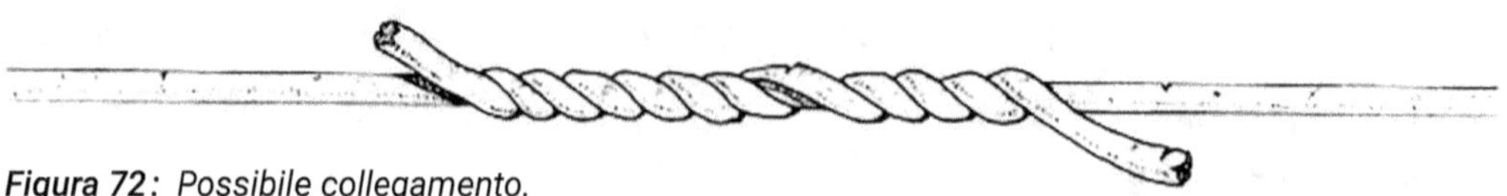

Figura 72: *Possibile collegamento.*

Antenne per il pollaio

Nel giardino della mia serra, capita quotidianamente di trovare un gatto, un pollo o un'anatra che si riposa su un anello di rame o alla base di un'antenna. A differenza degli esseri umani, che sono diventati poco percettivi verso queste energie sottili, gli animali sentono e si avvicinano a queste frequenze vitali e curative. Allora perché non incorporare queste installazioni per migliorare le condizioni di vita dei nostri amati animali? Come avviene per le piante, ciò avrà sicuramente un impatto sul loro benessere e (nel caso delle galline) sulla loro produzione di uova.

Possiamo anche energizzare la loro acqua potabile (vedi la sezione sulle tecniche di energizzazione dell'acqua) e combinare altre tecniche di elettrocultura (come una torre paramagnetica) nei loro alloggi per offrire loro un rifugio maggiormente armonizzato. Chissà come vi ringrazieranno!

Ecco due idee per collegare un'antenna atmosferica al vostro pollaio: potremmo connetterla alle cassette di nidificazione dei polli o alle loro ciotole per il mangime e l'acqua.

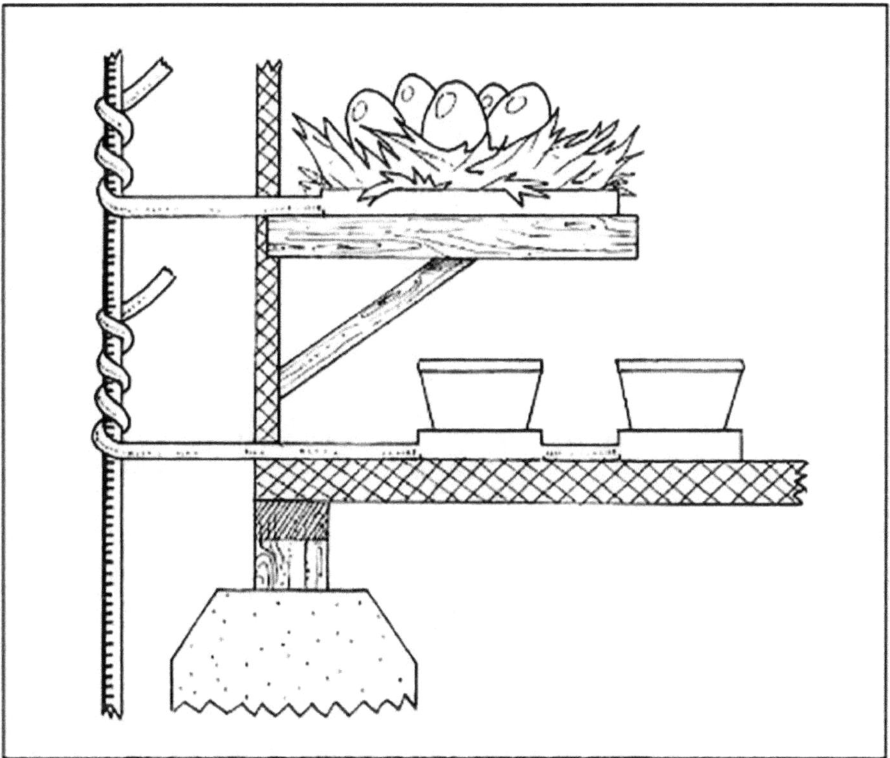

Figura 73: Installazione delle cassette per la cova e delle ciotole per l'acqua.

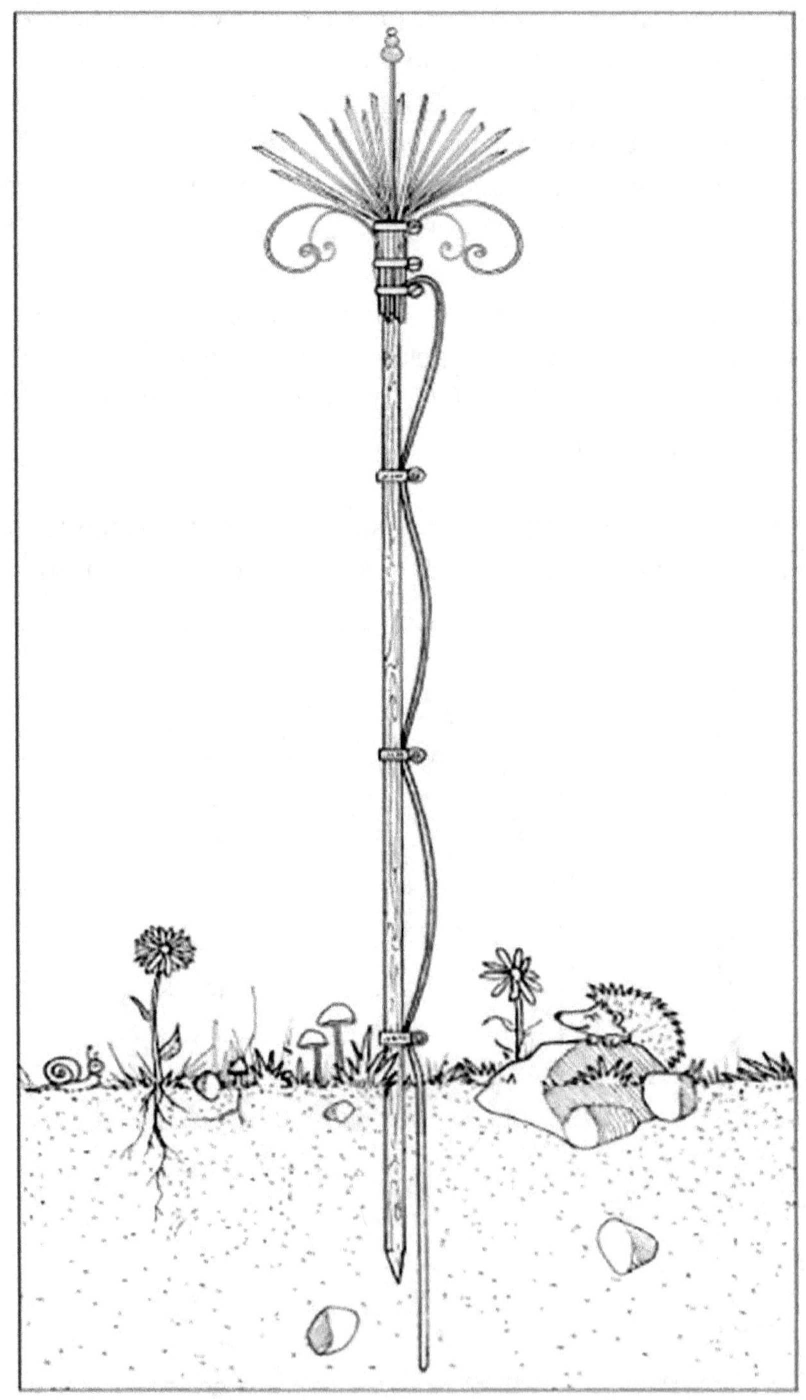

Figura 74: Antenna con spirale di Fibonacci.

Le spirali di Fibonacci, note anche come numero aureo / spirale aurea / rapporto aureo, e altre geometrie sacre, sono un aspetto affascinante e creativo del nostro mondo naturale ed un'opportunità per incorporare le meraviglie artistiche della natura nei nostri artefatti. Anche se abbiamo solo sfiorato la superficie di questo vasto argomento, abbiamo visto come l'uso delle piramidi (vedi sezione Energia delle piramidi) possa energizzare i nostri semi e le colture che crescono al loro interno. La natura conosce al meglio lo stupefacente equilibrio tra forma e funzione e noi tutti impariamo continuamente dalla sua saggezza.

Figura 75: Spirali di Fibonacci su di un'antenna atmosferica.

TESTIMONIANZE

UNA TESI CHE ISPIRA

Una tesi di dottorato del 1984 della dott. ssa Martine Quereyl dell'Università di Limoges ha dimostrato i risultati che si possono ottenere con un'antenna atmosferica annessa ad una rete metallica al fine ottenere una maggiore resa, una maggiore nutrizione e una maggiore quantità di oli essenziali[8]. Le implicazioni di questa ricerca sono enormi, anche se poco conosciute. Il suo lavoro, sviluppato nell'ambito della farmacologia, potrebbe ispirare molti futuri ricercatori, guaritori e coltivatori per ampliare la conoscenza riguardo ai rimedi medicinali e per migliorare i metodi di produzione degli stessi.

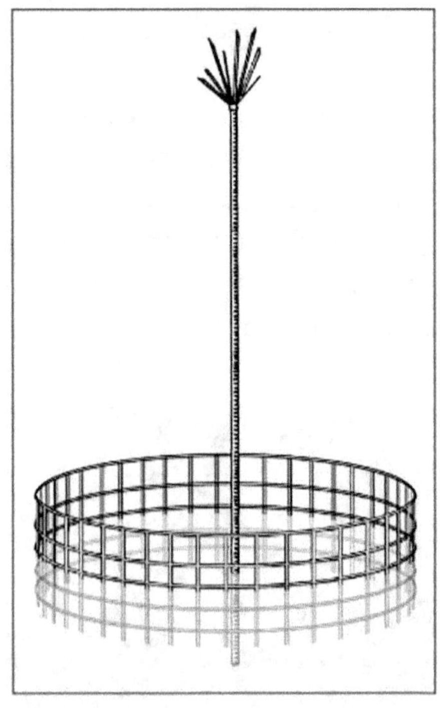

Figura 76: Esperienza della dottoressa Martine Quereyl e relativa applicazione.

Figura 77: Maggiore resa grazie ad un'antenna.

---

[8]Martine. «Electroculture and Plante Medicinal». Tesi di dottorato, Università di Limoges, 1984. https://www.world-cat.org/title/electroculture-et-plantes-medicinales/oclc/799235597. [sito web consultato il 3 aprile 2023].

Figura 78: Maggiori rese con un'antenna. A sinistra la resa media di una pianta del gruppo di controllo. A destra, la resa media di due spighe nelle piante trattate nell'area con l'elettrocoltura.

YANNICK NEL GIARDINO DI UN AMICO

Un'antenna atmosferica posta nel giardino di un amico ha avuto un'influenza indesiderata su un campo di mais vicino, con un raddoppio del raccolto nel raggio di 30 metri dall'antenna. Anche voi potrete inviare le vostre benedizioni ai vicini!

CAVOLFIORE GIGANTE

Una testimonianza inviata a Yannick che mostra l'enorme cavolfiore cresciuto sotto l'influenza di un'antenna atmosferica con come palo un tondino da muratura.

Figura 79: *Cavolfiore gigante felice.*

BASALTO

Conosciutissimo nel mondo antico, il potere della roccia paramagnetica è stato a lungo utilizzato nella costruzione dei monumenti più sacri. Acquisito dai siti di antichi vulcani, il basalto offre un'implementazione energetica per i nostri terreni e possibilità di grandi miglioramenti nella fertilizzazione delle colture.

Per Phillip S. Callahan, autore di Paramagnetism, la roccia paramagnetica non sostituisce i nutrienti del suolo, ma può ottimizzarne la disponibilità grazie alla sua azione di stimolo della microbiologia, rendendo i micro e macro nutrienti presenti nel suolo biodisponibili per le radici delle piante. Senza questo paramagnetismo, i fertilizzanti vengono in gran parte sprecati perché non riescono ad essere assorbiti ed assimilati dalle piante. Purtroppo, le tecniche di coltivazione convenzionali hanno avuto un impatto negativo sul paramagnetismo del suolo, questo è dovuto alla lavorazione del terreno, la compattazione e l'uso dei pesticidi e dei fertilizzanti chimici. Tutto ciò con conseguente perdita di microbiologia e biodiversità del suolo.

Il paramagnetismo lavora a braccetto con il compost e con la vita del suolo e, come afferma Cal-lahan, senza l'uno o l'altro, il duo vincente non potrebbe funzionare al massimo delle sue potenzialità. La vita delle piante e dei microrganismi ha bisogno di energia paramagnetica nello stesso modo in cui hanno bisogno di luce solare e di calore. Il paramagnetismo con il suo potere fanno parte dello spettro di quell'energia elettromagnetica che ci circonda e che influenza notevolmente il corretto funzionamento della vita.

L'energia paramagnetica agisce anche senza l'ausilio di nutrienti e senza i microrganismi, ma in misura minore rispetto a quando sono presenti. In un esperimento, Yannick ha dimostrato di essere riuscito a coltivare fagioli in un vaso riempito di solo granulati di basalto paramagnetici, collegati ad un'antenna di elettrocultura atmosferica. Il vaso è stato innaffiato solo con acqua pura di sorgente.

Figura 80 : Coltivazione di fagioli in ghiaino basaltico paramagnetico senza terreno.

Figura 81 : I fagioli prosperano nella ghiaia basaltica.

PARAMAGNETISMO

In natura esistono diverse sostanze con valori differenti paramagnetismo. L'influenza sulle piante o sugli organismi viventi è spesso piccola e sottile. Non è la stessa cosa che misurare un terreno che ha valori di paramagnetismo di decine, centinaia e persino migliaia di microCGS. Il microCGS è un'unità di misura del paramagnetismo inventata da Phillip S. Callahan; il CGS è infatti l'abbreviazione di «centimetro grammo secondo». Esprime la velocità di movimento delle particelle paramagnetiche sottoposte al campo magnetico statico standardizzato nel dispositivo. Più alto è il valore del microCGS, più il materiale è paramagnetico.

Figura 82: Carriola piena di basalto.

Il paramagnetismo dei basalti può variare da 500 a 12000 microCGS, quindi è bene far analizzare il campione di basalto se il progetto dipende da apporti affidabili di questo materiale. Naturalmente, si dovrebbe utilizzare il basalto della migliore qualità possibile. Va tenuto presente che l'aggiunta di un basalto di 6000 microCGS non significa che il terreno in cui verrà inserito presenterà un valore di 6000 microCGS, poiché il basalto sarà mescolato nel terreno e il valore sarà inferiore. La seguente tabella aiuta a chiarire:

Figura 83: Il mucchio di basalto di Yannick. R., un coltivatore che produce circa 25 tonnellate di cereali, attua un trattamento nella piramide prima dello spargimento nei campi. Caricate il basalto per qualche ora o qualche giorno nell'energia sotto la piramide prima di spargerlo sui campi. Una piramide amplificherà localmente tutti gli influssi benefici del cosmo e della terra, caricando così il basalto di energia. Non aumenterà il paramagnetismo, ma caricherà il basalto di un'ulteriore energia benefica che potremmo chiamare «energia della piramide». Per saperne di più sull'energia della piramide, si veda il capitolo sulle piramidi.

Campo magnetico permanente con un magnete	Dopo magnetizzazione	Esempi
Paramagnetismo 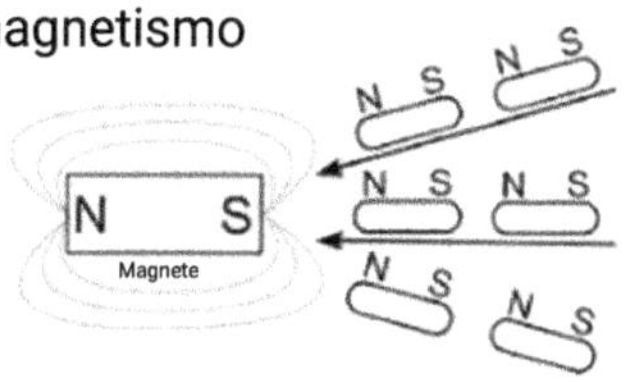	Ritorna nuovamente neutro 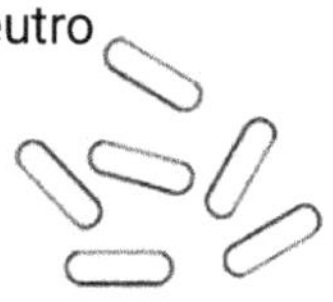	Ossigeno, basalto, particelle
Ferromagnetismo 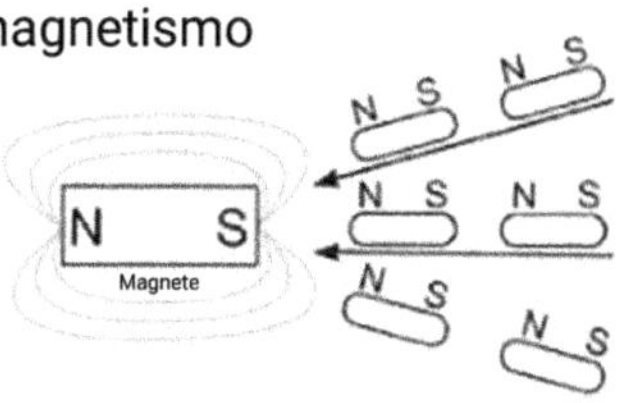	Rimane magnetizzato 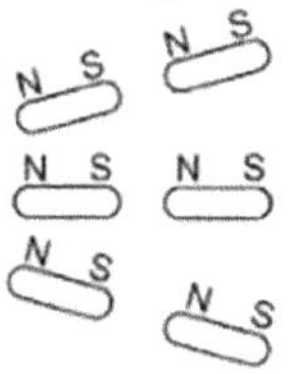	Ferro
Diamagnetismo 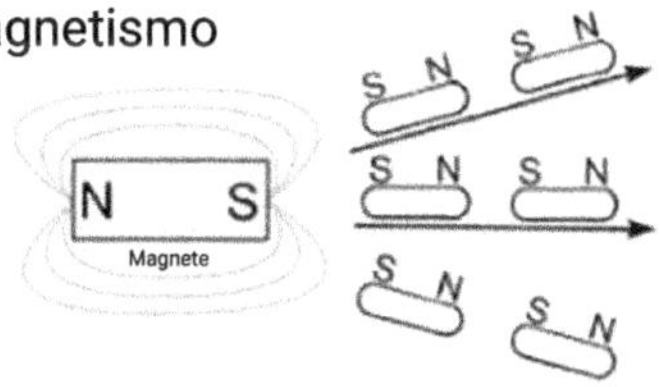	Neutro 	H2O

Figura 84: Differenze tra para, ferro e diamagnetismo.

Le particelle paramagnetiche del basalto agiscono come un'antenna ricevente-trasmittente che interagisce con il campo magnetico terrestre. Come una radio, queste particelle catturano il campo magnetico terrestre e le sue sottili vibrazioni, lo amplificano localmente e per poi riemetterlo tutt'intorno, stimolando così lo sviluppo della vita, dei microorganismi, dei lombrichi e delle piante. Il risultato sarà un terreno più sciolto e arioso, senza più bisogno di lavorare la terra. I metodi di giardinaggio no-dig (senza lavorare il terreno) traggono quindi un enorme beneficio da queste applicazioni. Il basalto, se non verrà dilavato dall'acqua piovana, continuerà a dare i suoi effetti benefici forse per centinaia di anni. È inoltre noto che il basalto aiuta i terreni a trattenere l'acqua, riducendo il consumo idrico delle piante e l'ingombro delle strumentazioni e dell'energia elettrica utilizzati per l'irrigazione.

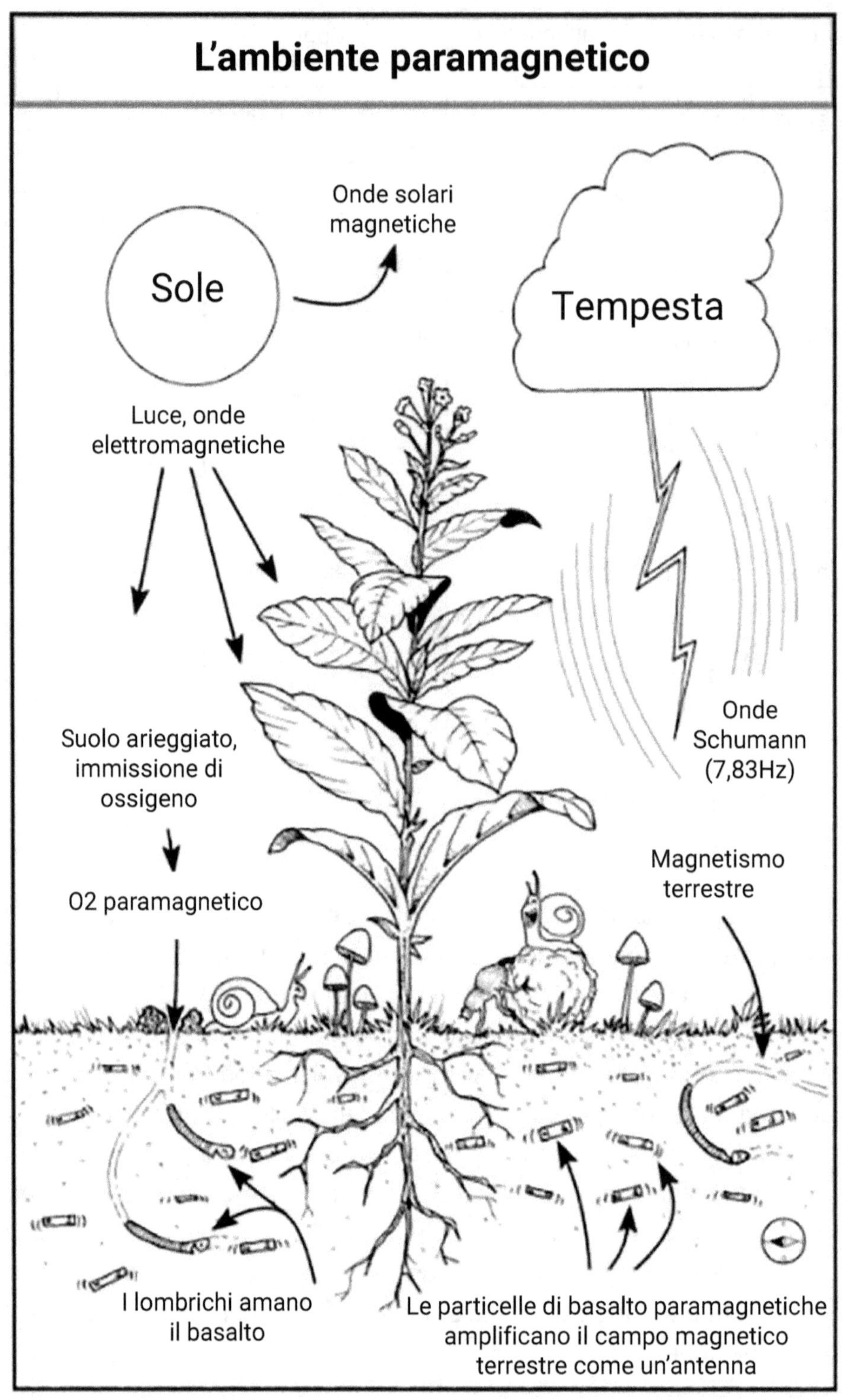

Figura 85: *Simbiosi.*

COME SI FA: Utilizzo del basalto

Nelle applicazioni col fine di ammendare il terreno, utilizzare da 100 grammi a un chilogrammo di basalto per metro quadro. Su una scala di un ettaro, un chilogrammo per metro quadro equivale a dieci tonnellate. Il basalto può essere cosparso sul terreno, mescolato a miscele di compost, incorporato nei cumuli di compost o miscelato con l'acqua di irrigazione.

Per gli alberi

Figura 86: *L'applicazione viene effettuata lungo la linea di gocciolamento dell'albero.*

Quando si pianta un albero, si possono aggiungere da uno a cinque chilogrammi di basalto alla buca di impianto, mescolati a terra, compost o terriccio. Per gli alberi già presenti, si può spargere un minimo di un chilogrammo per albero e fino a un chilogrammo per metro quadro su tutta la superficie dell'area di impianto.

Yannick ha osservato che quando si sparge il basalto in uno schema circolare intorno all'albero, si ottiene un effetto particolare che fa aumentare l'energia all'albero. Nella fattoria di Yannick c'è un vecchio tiglio piantato davanti alla casa che ad ogni stagione si ammalava della cinipide del tiglio. Ha provato diverse tecniche per migliorare la situazione senza risultati finchè un anno ha cosparso del basalto in polvere seguendo uno schema circolare, intorno all'albero e distanziato 1 metro dalla pianta. Da quel giorno l'albero è diventato nuovamente sano e sono spariti tutti i sintomi della malattia. Osservare tutto ciò è stato davvero sorprendente.

Stimolazione rapida del terreno

Per ottenere un rapido effetto stimolante, si può prendere il basalto in polvere e mescolarlo con dell'acqua normale o, meglio ancora, con acqua energizzata. Si può anche aggiungere una soluzione diluita con i succhi del compost o di estratti di piante fermentate ed applicarla come uno spray fogliare oppure inzuppare con questa la base di alberi e piante. Yannick ha visto molti alberi malati o in difficoltà riprendere una crescita vigorosa dopo una sola applicazione di questa ricetta.

Figura 87: Preparazione dello spargimento del basalto paramagnetico sui campi.

Agricoltura applicazioni

Utilizzato in coltivazioni su ampia scala, il basalto può avere benefici a lungo termine che possono ovviare alle spese di fertilizzanti e pesticidi, all'impatto dei trattori, alla messa in pericolo della fauna selvatica e all'uso di combustibili fossili che vengono utilizzati per la concimazione standard. Un'applicazione di basalto può essere infatti molto utile.

Cospargere unicamente polvere di basalto può risultare impegnativo per gli spandiconcime agricoli, per cui miscelarlo con il compost può ridurne le difficoltà e permettere che si integri più facilmente nel terreno. La miscelazione del basalto con il compost oltre a facilitare lo spargimento può anche migliorare i risultati.

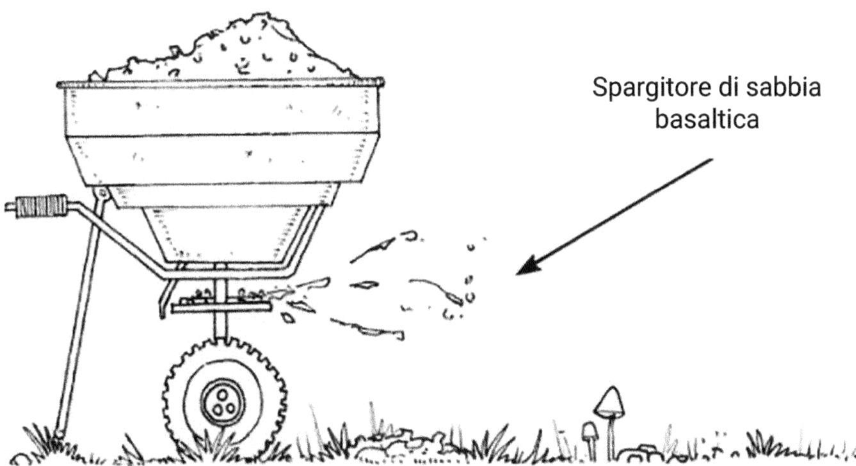

Figura 88: *Aggiungere il basalto ad altri ammendanti per facilitarne lo spargimento.*

Paramagnetismo in altre rocce

Vale la pena di cercare nei vostri paraggi ciò che è autoctono nella zona in cui vivete. In Ontario, Canada, ad esempio, il basalto che possiamo reperire localmente ha un valore di 4580 microCGS. Anche se si tratta di un valore relativamente buono, in loco possiamo trovare andesite che ha un valore di 9000 microCGS. Forse non è economicamente fattibile per le grandi applicazioni agricole, ma a livello domestico ne servirebbe la metà per avere lo stesso effetto.

INNOVAZIONE: tubo d'irrigazione energizzante riempito di pietre vulcaniche paramagnetiche .

Daniel è un appassionato giardiniere che vive in Messico e quando ha scoperto l'elettrocoltura, si è messo a sperimentarla. Ascoltando le conferenze di Yannick, ha avuto l'idea di riempire un tubo di roccia vulcanica per energizzare l'acqua. Ha innaffiato la sua menta con acqua energizzata, usando un tubo di rame lungo un metro riempito con ghiaia di roccia vulcanica. All'estremità del tubo ha aggiunto alcuni magneti (che possono essere inseriti direttamente nel tubo). Quando la roccia è sufficientemente paramagnetica, non è necessario aggiungere anche i magneti. L'acqua che scorre tra la ghiaia è energizzata dalla roccia paramagnetica che crea una sorta di trattamento magnetico naturale. L'acqua è energizzata dalle migliaia di piccoli vortici che si creano intorno al ghiaino. Il diametro del tubo non ha importanza, purché la ghiaia si inserisca perfettamente e ci sia abbastanza spazio perché l'acqua si muova intorno e attraverso di essa, creando piccoli vortici. La ghiaia scelta è un tipo di pozzolana chiamata Tezontle, abbastanza porosa, molto paramagnetica e facilmente accessibile come materiale di costruzione in Messico. La ghiaia può essere bloccata alle estremità del tubo con una piccola griglia (in acciaio inox o rame) o con l'aggiunta di un raccordo più piccolo.

***Figura 89, 90 e 91**: (SINISTRA) Tubo dell'acqua riempito con roccia paramagnetica vulcanica; (CENTRO) Foglie di menta del gruppo di controllo; (DESTRA) Foglie di menta delle piante trattate con acqua energizzata.*

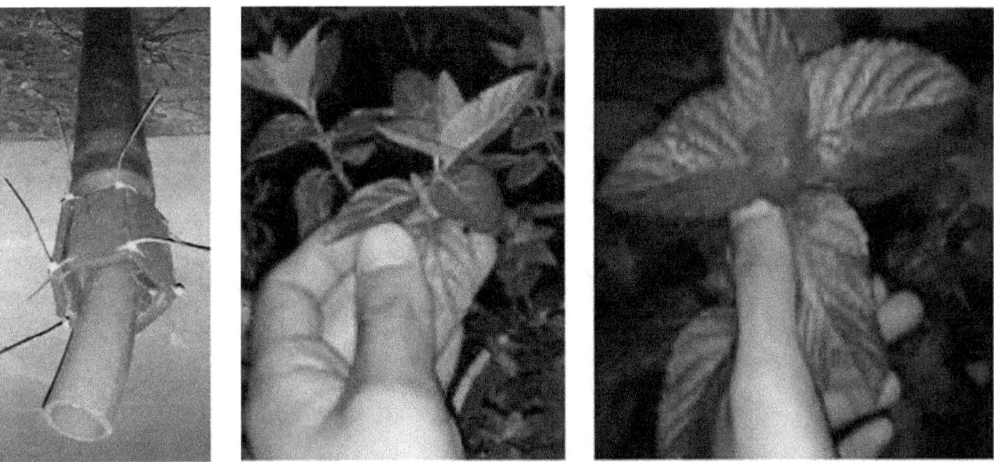

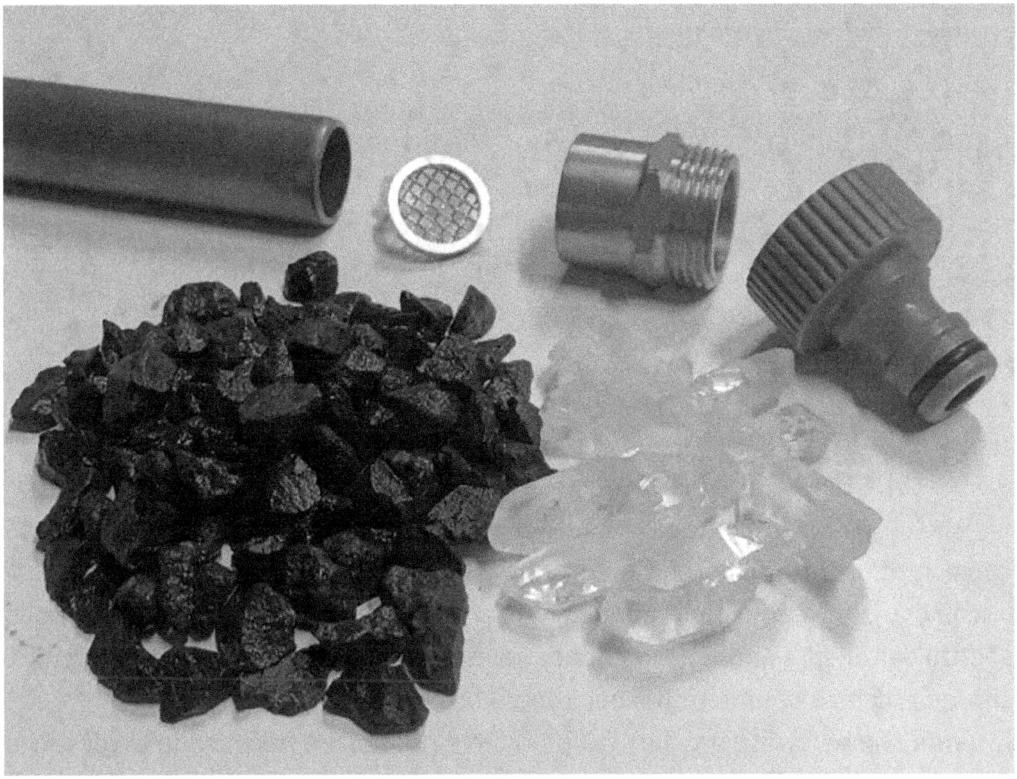

***Figura 92**: Filtro paramagnetico o tubo di energizzazione naturale dell'acqua inventato da Yannick Van Doorne. Queste sono le parti necessarie per costruire un tubo di energizzazione naturale dell'acqua con un condotto di rame, ghiaia di basalto, cristalli di quarzo, 2 griglie ed i connettori.*

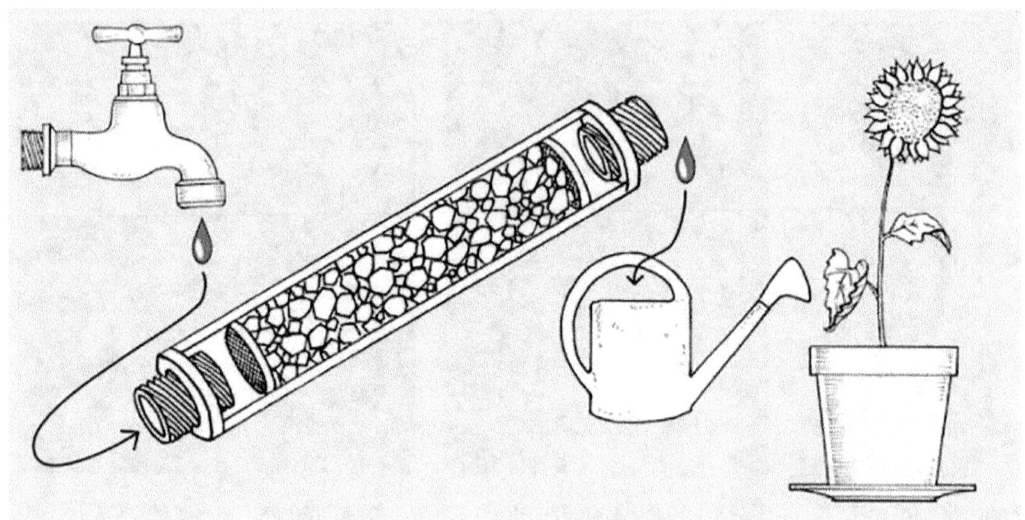

Figura 93: *Attivazione del filtro. L'acqua viene introdotta da un'estremità. Essa attraversa il basalto e la ghiaia cristallina in modo vorticoso, come in un corso d'acqua naturale, e viene così energizzata.*

Figura 94: *Componenti di un energizzatore ad acqua.*

DA CONSIDERARE: Rocce e frequenza

In Canada, Alan Reed, esperto di rocce, cristalli ed energia, ha informato Yannick di un approccio piuttosto originale relativo alla fertilità del suolo. Egli ritiene che ogni roccia corrisponda ad un'energia specifica, come un colore nello spettro dell'arcobaleno. Per lui è fondamentale conoscere la natura della composizione rocciosa di un terreno, per sapere come agire per migliorarne la fertilità. Afferma che per avere una fertilità ottimale e duratura, è necessaria la presenza di rocce o di cristalli corrispondenti all'energia di ogni colore dell'arcobaleno. Utilizzando questo approccio, aggiunge polveri di diverse rocce complementari alla roccia madre di un terreno e così ottiene risultati notevoli.

DA CONSIDERARE: La redditività dell'azienda agricola di Paul

Paul è un coltivatore di aglio biologico in Canada, sempre alla ricerca di nuovi modi per migliorare il suo terreno. Da molti anni ha sperimentando varie opzioni di fertilizzazione, che hanno richiesto un'applicazione annuale, ed i costi di tali fertilizzanti sono risultati finanziariamente impegnativi. Ha quindi optato per un'integrazione di basalto di una tonnellata per acro nella sua azienda agricola. Questa aggiunta, applicata una volta sola invece che annualmente, costa ½ del costo di un'applicazione di fertilizzante per una stagione. Questo non solo migliorerà drasticamente il suolo, ma anche la redditività dell'azienda agricola di Paul. Il basalto non soltanto sostituisce i fertilizzanti, ma stimola la vitalità delle piante e la fertilità del suolo in modo diverso. Questo processo richiede un certo tempo rispetto ai fertilizzanti classici che agiscono quasi immediatamente, ma il potenziale rigenerativo a lungo termine del basalto lo rende un'opzione sostenibile. Il basalto funziona bene in combinazione con il compost e i fertilizzanti organici, perché il paramagnetismo accelera e favorisce lo sviluppo dei microrganismi benefici che migliorano la fertilità del suolo e la salute delle piante. Inoltre, non richiede applicazioni costanti.

Figura 95: La fattoria di Paul.

Un ettaro della fattoria di Paul, ammendato con basalto e coltivato ad aglio.

Figura 96: Effetto del basalto sui fagioli.

I FAGIOLI DELL'ORTO DEL VICINO DI YANNICK

Yannick ha dato al suo vicino un sacco da 25 kg di polvere di basalto da 1900 microCGS che è stato energizzato sotto una piramide di rame nel suo giardino per alcuni giorni. Un'applicazione di questo basalto è stata aggiunta alle file di fagioli nell'orto del vicino, lasciando la fila a sinistra come controllo. Il risultato è stato quello di ottenere delle piante più grandi ed una maggiore resa delle piante trattate rispetto alle file di controllo. Il vicino ha sparso e mescolato un dosaggio di 1 chilogrammo per metro quadro sia alle sue carote che ai suoi fagioli.

LETTO DI CAROTE CHE RISPONDE AL BASALTO

Un appezzamento d'orto coltivato con carote ha ricevuto un'aggiunta di basalto nelle due file a sinistra, con conseguente miglioramento della crescita e della resa.

Figura 97: Carote che crescono con basalto (*SINISTRA*) e senza basalto (*DESTRA*).

TORRI ROTONDE

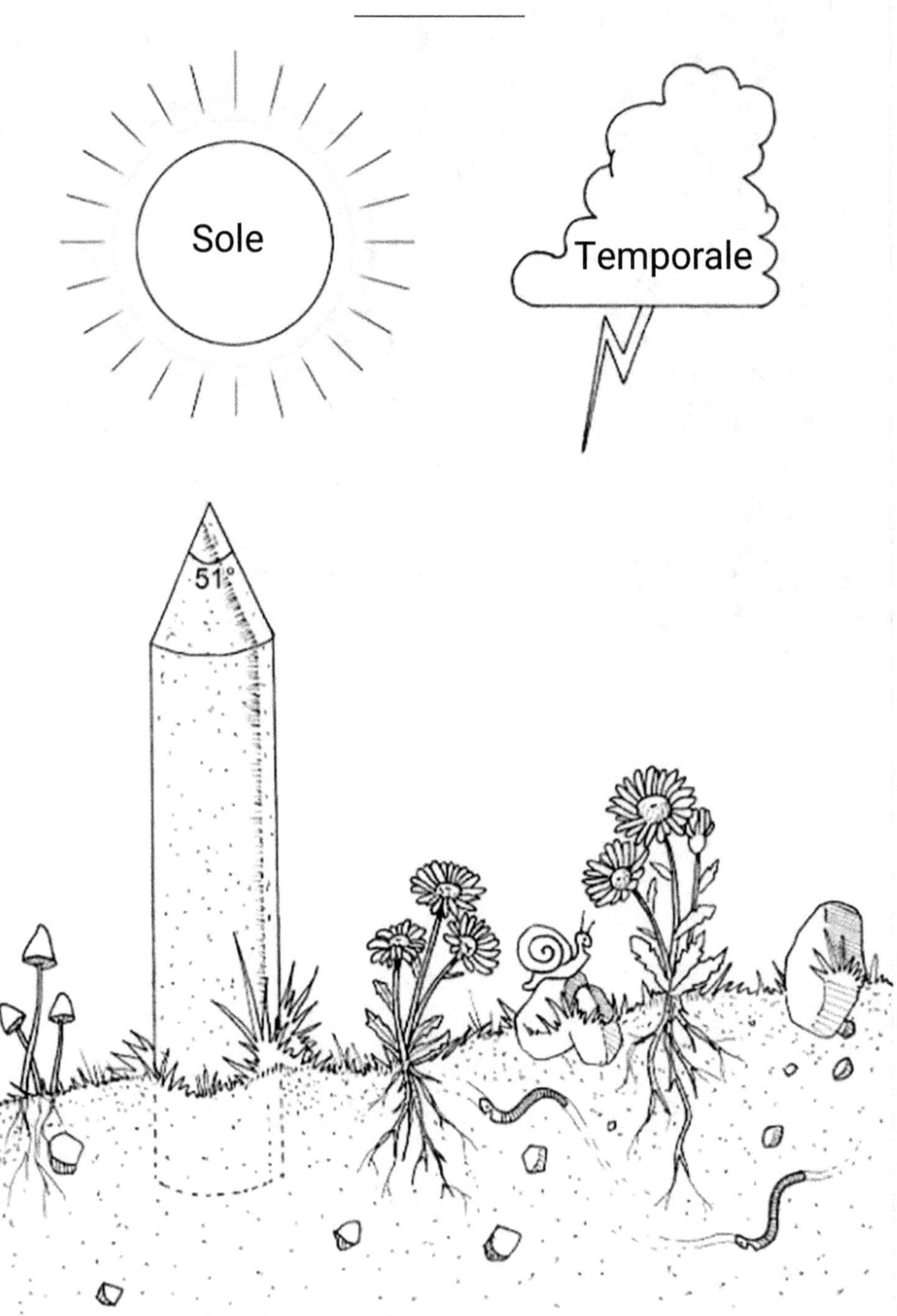

Figura 98: *Torre rotonda*

Sebbene Phillip S. Callahan fosse un entomologo, fu il suo lavoro, descritto nel suo libro Paramagnetismo, a fargli guadagnare un posto come pioniere nell'ambito degli studi sull'elettrocoltura. La sua spiccata capacità d'osservazione lo portò a comprendere le affascinanti correlazioni tra le torri rotonde d'Irlanda, realizzate in pietra paramagnetica, e la rigogliosa crescita delle piante nelle vicinanze di queste torri[9].

Figura 99: Torre rotonda paramagnetica del Belgio.

Egli ipotizzò che queste rocce paramagnetiche svolgessero un ruolo importante nella fertilità del suolo, fornendo energia importante per le piante ed i microorganismi. Quando gli agricoltori cominciarono a seguire le sue raccomandazioni, mettendo le rocce paramagnetiche nel loro terreno, ottennero risultati notevoli. Poterono infatti osservare una relazione diretta tra il paramagnetismo e la produzione dei loro terreni.

---

[9]Phillip S, Ph.D. Paramagnetism: Rediscovering Nature's Secret Force of Growth. Acres U.S.A., 1995.

Figura 100: *Torri rotonde a Glendalough, in Irlanda. Foto fornita da Delahoyde, un agricoltore irlandese che vive nelle vicinanze e che ha visitato Yannick per conoscere il fenomeno del paramagnetismo e gli effetti delle torri rotonde sulla fertilità del suolo.*

Grazie al lavoro di Phillip Callahan siamo arrivati a capire che le torri rotonde dell'Irlanda, della Scozia e dell'Isola di Man sono amplificatori progettati in modo strategico per aumentare l'effetto dell'energia elettromagnetica cosmica e terrestre. Realizzate in granito, basalto ed altre rocce pa- ramagnetiche, queste «antenne» hanno interagito con le onde di Schumann, le onde radio naturali a bassa frequenza generate continuamente sulla terra dai temporali. Questa emissione di onde naturali varia in frequenza e intensità a seconda dell'attività elettrica dell'atmosfera terrestre. Le torri, sfruttando queste onde, servono a stimolare la crescita della vegetazione nelle loro vicinanze.

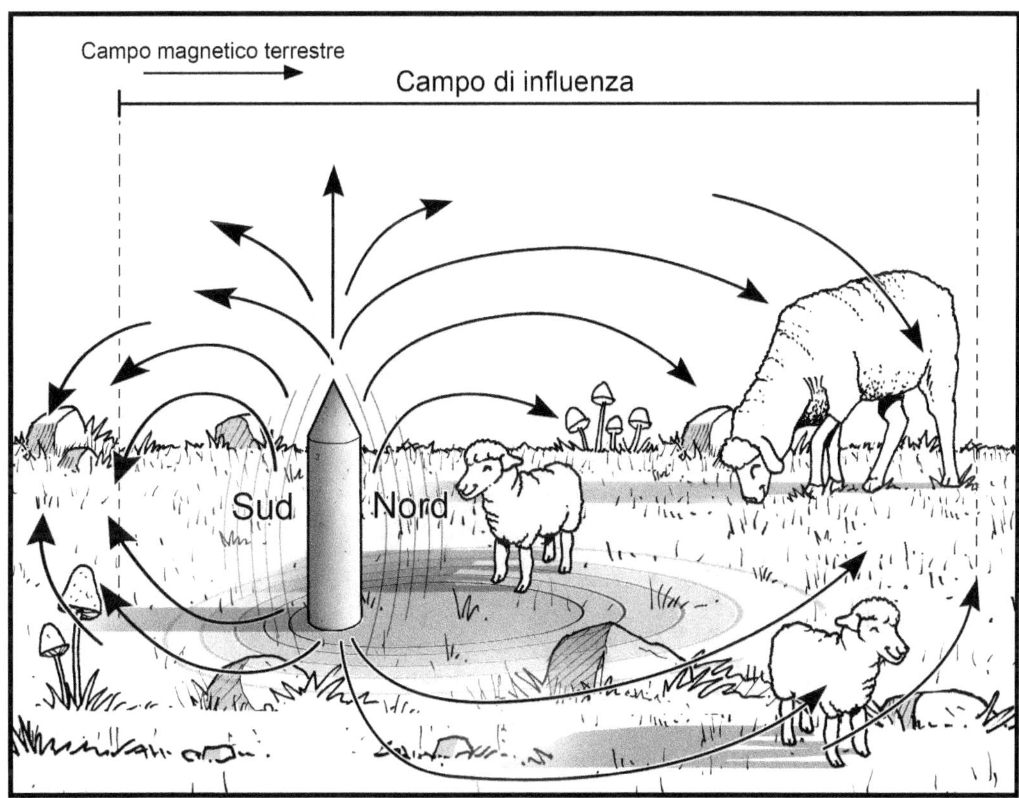

Figura 101: Area di influenza in un campo agricolo. Tutti gli esseri viventi ne traggono beneficio.

È stato inoltre osservato che le torri rotonde hanno un'influenza sul meteo locale e sulla piovosità. Le torri tendono ad aumentare le precipitazioni locali dove mancano e ad aumentare il soleggiamento quando manca. Agiscono come armonizzatori o regolatori del tempo, temperando anche le condizioni estreme riducendo, ad esempio, la grandine e la forza dei temporali.

In un piccolo villaggio alsaziano di Bernardville, nel 2020, gli abitanti del luogo hanno osservato che la pioggia gira intorno al villaggio, evitandolo accuratamente, e questo crea una siccità accentuata rispetto alle zone circostanti. Essendo testimone di questo fenomeno, Yannick ha installato una torre alta circa 1 metro e 50 centimetri in un garage della famiglia Eymeric. Pochi giorni dopo l'installazione, una pioggia localizzata si è abbattuta sul villaggio e non sui dintorni del paesino. Yannick ha registrato le immagini satellitari e le misure di questa precipitazione. Fenomeni simili sono stati altre volte osservati con l'installazione di altre tecniche di elettrocoltura, come le antenne magnetiche o i coni interrati.

Figura 102: *Due piccole torri rotonde influenzano la temperatura e il processo di fusione della neve nelle loro immediate vicinanze.*

Oltre ad aumentare le rese, a migliorare la resistenza agli attacchi dei parassiti ed a migliorare i valori brix, è stato osservato che le torri rotonde migliorano la resistenza allo stress climatico, all'umidità, al gelo ed al calore.

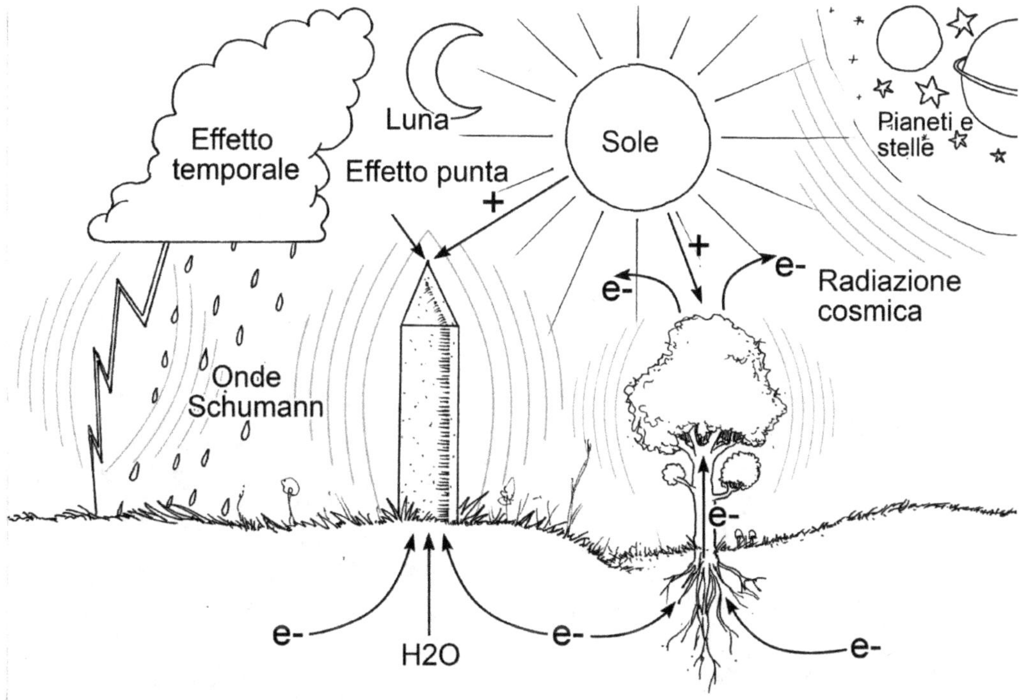

Figura 103: La torre interagisce elettromagneticamente nel suo ambiente con gli esseri viventi e non viventi, attraverso i temporali.

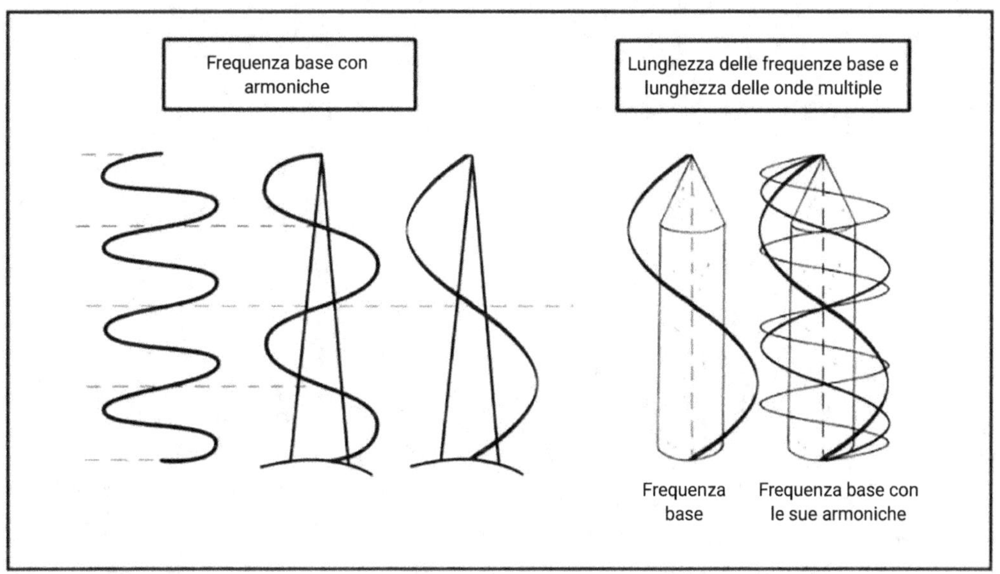

Figura 104: Le onde di Schumann, la radiazione cosmica, il sole, ecc.

Le frequenze e le armoniche emanate dalle torri rotonde hanno avuto potenti effetti sugli orti in cui sono state installate. Potreste persino scoprire che le torri vi energizzano quando vi sedete vicino a una di esse. Possono essere collocate singolarmente o in coppia, realizzate sotto forma di tubi di gres riempiti di basalto o in una mescola con cemento colato in stampi riutilizzabili, e possono essere create di molteplici dimensioni.

COME SI FA: costruire una torre rotonda paramagnetica

Figura 105: Torre di basalto paramagnetico nel giardino di Yannick.

La costruzione di una torre paramagnetica non è difficile, ma richiede una certa metodologia.

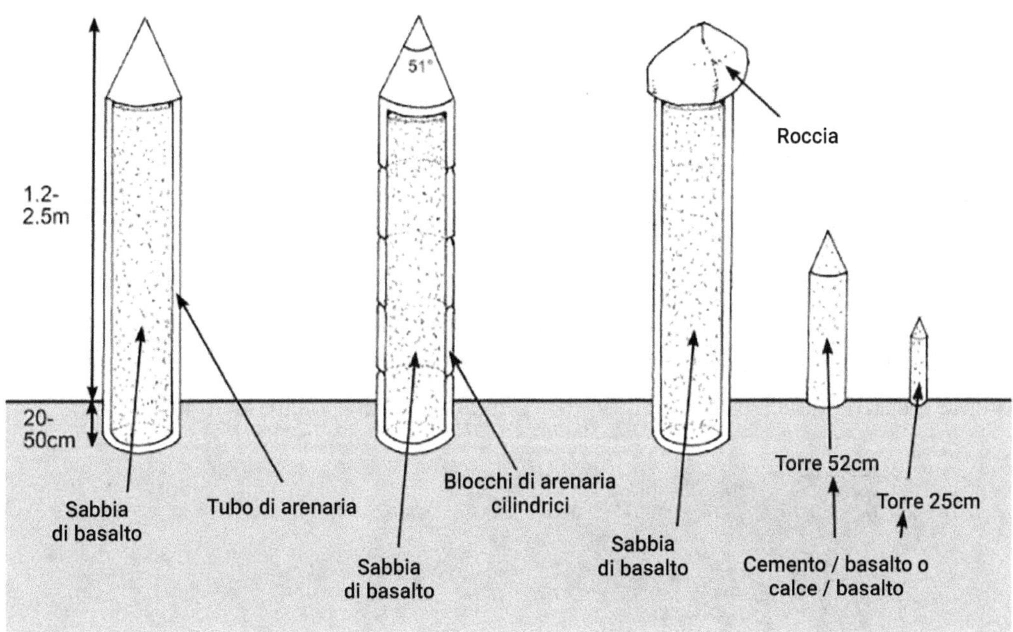

Figura 106 : Differenti possibilità di fabbricazione.

Approvvigionamento di materiali

Esistono tubi di gres e di arenaria di diverse dimensioni, che vanno da circa 100 a 250 centimetri di altezza e da 10 a 80 centimetri di diametro. Maggiori sono l'altezza e il diametro, maggiore sono le quantità di basalto che si possono inserire nei tubi e quindi le torri possono irradiare un'area più ampia, ideale per orti e campi più grandi. In alcuni stati è più facile che in altri reperire un tubo cilindrico in gres o in arenaria. In Francia si trovano facilmente nei negozi di articoli per l'edilizia, ma in Canada, ad esempio, gli articoli migliori che possiamo trovare sono piccoli cilindri di argilla alti 18 pollici. In questi casi, dovremo modificare il nostro approccio, scegliendo di optare per creare una miscela di basalto e cemento, utilizzando stampi di forma cilindrica per creare le nostre torri rotonde. Fate una ricerca approfondita di ciò che è disponibile nella vostra zona e siate ingegnosi. [NdT: in Italia i tubi in gres sono stati utilizzati per anni per gli scarichi fognari. Sostituiti dai tubi in pvc, sono difficili da reperire nuovi sul mercato, solo poche aziende del settore edile li commerciano ancora. Con un po' di pazienza e di ricerca, in internet, si possono però trovare dei vecchi tubi non utilizzati ad un buon prezzo].

Procuratevi del basalto di qualità con i valori microCGS più alti possibili. La maggior parte delle volte lo si trova sotto forma di polvere, sabbia o ghiaino.

La pietra apicale

Desideroso di riprodurre fedelmente le antiche torri irlandesi, Yannick era interessato a nelle dimensioni degli originali. Ha osservato che l'angolo alla sommità di alcuni delle torri irlandesi era di 51°, angolo che si trova anche alla sommità delle grandi piramidi d'Egitto. In Internet si possono trovare programmi che disegnano i coni per costruirsi uno stampo da soli o si può acquistarne uno nel negozio di Yannick. In mancanza di "cappelli" a cono, si possono usare, in alternativa dei coni apicali, delle pietre particolarmente paramagnetiche come il granito, il basalto o alcune pietre laviche.

Figura 107: Uno stampo a cono che si trova nella bottega di Yannick.

Figura 108: Una serie di coni apicali in fase di solidificazione, nell'officina.

Volete creare il vostro stampo ?

Utilizzate lo schizzo di un cono su carta di Yannick per creare il vostro stampo con un foglio di plastica o una foglio di alluminio fine.

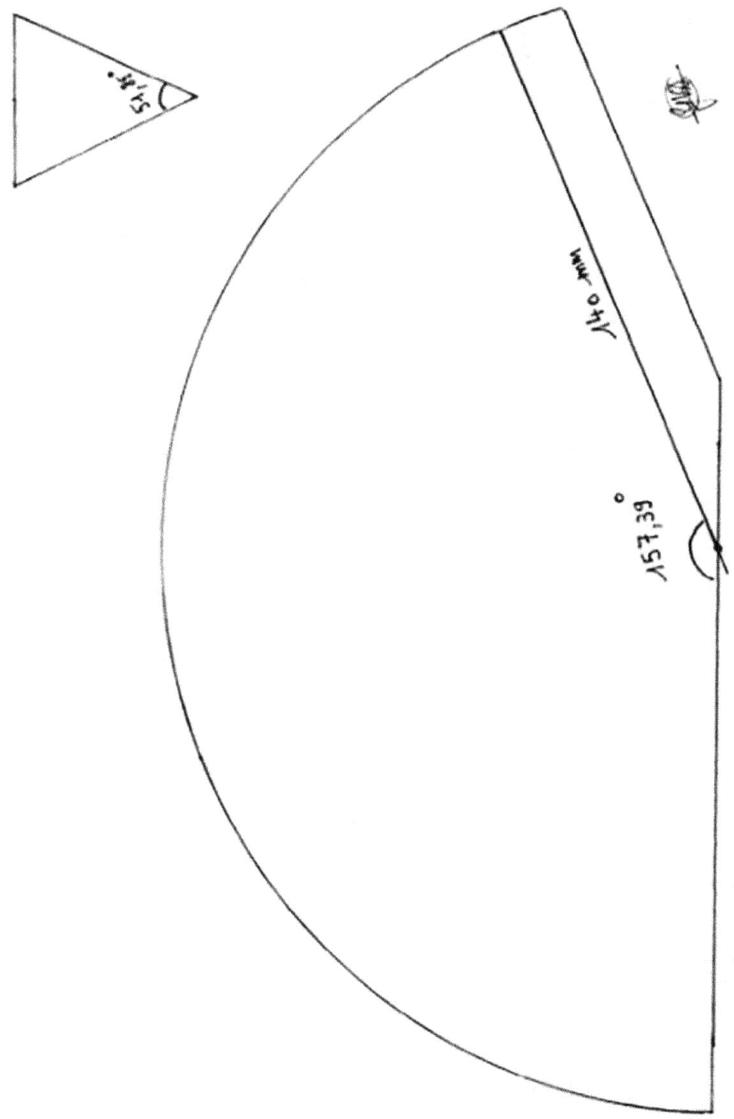

Figura 109: Schema per il cono o cappello apicale a 51°

Miscelare il basalto con il cemento

I cappelli a cono possono essere realizzati mescolando cemento e basalto paramagnetico in modo da creare la "pietra apicale" a forma di cono. Va mescolato il 35-40% di cemento con il 60-65% di basalto. NB: Il cemento è un legante, ma non è paramagnetico, quindi utilizzate solo il necessario per ottenere una cappello che possa durare nel tempo. Si può anche utilizzare la calce al posto del cemento per renderlo più naturale o fare una miscela di calce e cemento come legante. Yannick sostituisce circa il 10% del basalto con della sabbia fine di quarzo nell'impasto per ottenere una superficie più liscia e per apportare un ulteriore effetto piezoelettrico alla torre, questo è dato infatti dal quarzo.

Mettete lo stampo a testa in giù in un contenitore di sostegno stabile e riempitelo con la miscela di cemento e basalto. Se utilizzate lo stampo a cono di Yannick, mettete un foglio di carta da forno all'interno per facilitare la rimozione del cono una volta induritosi.

Crea il tuo cilindro

Crea la parte cilindrica della tua torre utilizzando uno stampo (e riempiendolo con la consueta miscela di cemento e basalto) o riempiendo un tubo di gres con del basalto grezzo. Se stai realizzando una torre di grandi dimensioni, potresti compiere questa operazione direttamente nel posto dove vuoi installarla. Interra la torre nel terreno a 30-50 centimetri di profondità per mantenerla in posizione e per far sì che si mantenga stabile e capti le correnti telluriche.

Figura 110: Torre rotonda installata nell'aprile 2017 da Emmanuel. Tubo di gres riempito di basalto e integrato con anello di Lakhovsky.

Condizioni asciutte

Se durante l'installazione della torre il basalto e il terreno sono molto asciutti (ad esempio in estate), è consigliabile bagnare abbondantemente il basalto con acqua per attivarne le energie. Lo scopo è che il basalto sia umido e entri a contatto con l'umidità del terreno, questo serve ad avviare il circuito energetico. (Pensate all'acqua come a un mediatore che facilita la circolazione delle energie tra cielo e la terra e viceversa).

Le dimensioni sono importanti ?

Come ogni antenna, quando le dimensioni sono massimizzate, anche il suo funzionamento è incrementato. In verità non c'è soltanto la componente relativa alle dimensioni, quanto al tener conto della precisione nella progettazione e nell'installazione. Vogliamo che le nostre torri entrino in risonanza con le onde desiderate. È chiaro che su questo argomento c'è ancora molto da capire e che il margine di ottimizzazione è ancora ampio.

Figura 111: Installazione di una grande torre rotonda (2 metri e 50 centimetri di altezza) in un meleto e in una prato nel 2016.

Figura 112: Torri paramagnetiche in miniatura , portatili e di diversi colori.

COME SI FA: Posizionamento delle torri

È possibile posizionare la torre da sola (modalità chiesa) o in coppia (modalità cattedrale) per aumentarne la potenza. Il raggio d'azione o l'area di influenza di un campanile posizionato da solo sarà pari a circa 10-40 volte la sua altezza. Per un campanile di 1,50 metri, ciò corrisponde a un'area compresa tra 700 e 11.000 metri². Se posizionate a coppie in modalità cattedrale, il raggio d'azione può arrivare a 76 volte l'altezza, il che (per 2 torri di 1,5 metri di altezza) corrisponde a un'area di influenza fino a 4 ettari. Queste cifre sono fornite a titolo indicativo; naturalmente, dipenderanno da ogni contesto e dalle energie pre-esistenti. In alcune installazioni, si potrebbero notare campi d'azione più estesi di questi, e in altri casi, meno. Se posizioniamo più torri su terreni diversi, notiamo che la loro tendenza sarà quella di andare in risonanza tra di loro. Questo può aumentarne ulteriormente gli effetti e il campo d'azione.

Yannick ha imparato nella sua esperienza che le torri posizionate in modalità cattedrale devono essere orientate in direzione nord-sud anziché est-ovest. In una vera cattedrale le torri sono infatti orientate da nord a sud e non da est a ovest. La collocazione di due torri vicine è stata ispirata dai lavori dei nostri antenati e al modo in cui costruivano le chiese e le cattedrali.

Figura 113: Piccola torre rotonda vicino ad una pianta di peperone nella serra.

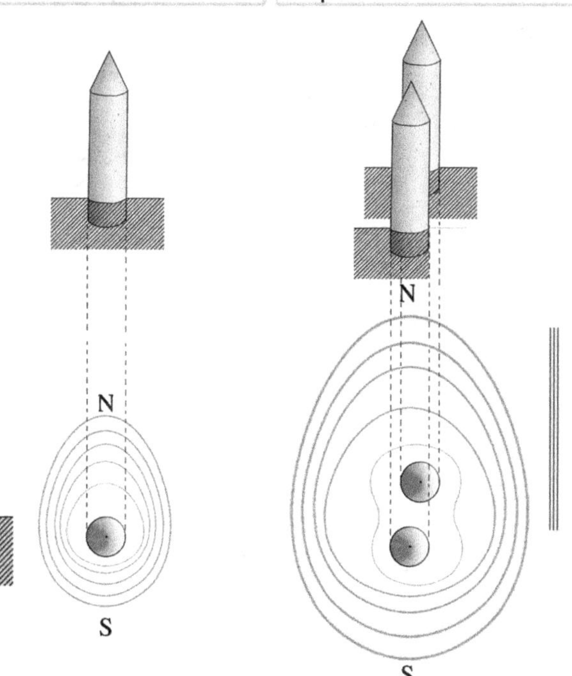

Figura 114: Confronto della zona di influenza tra una e due torri.

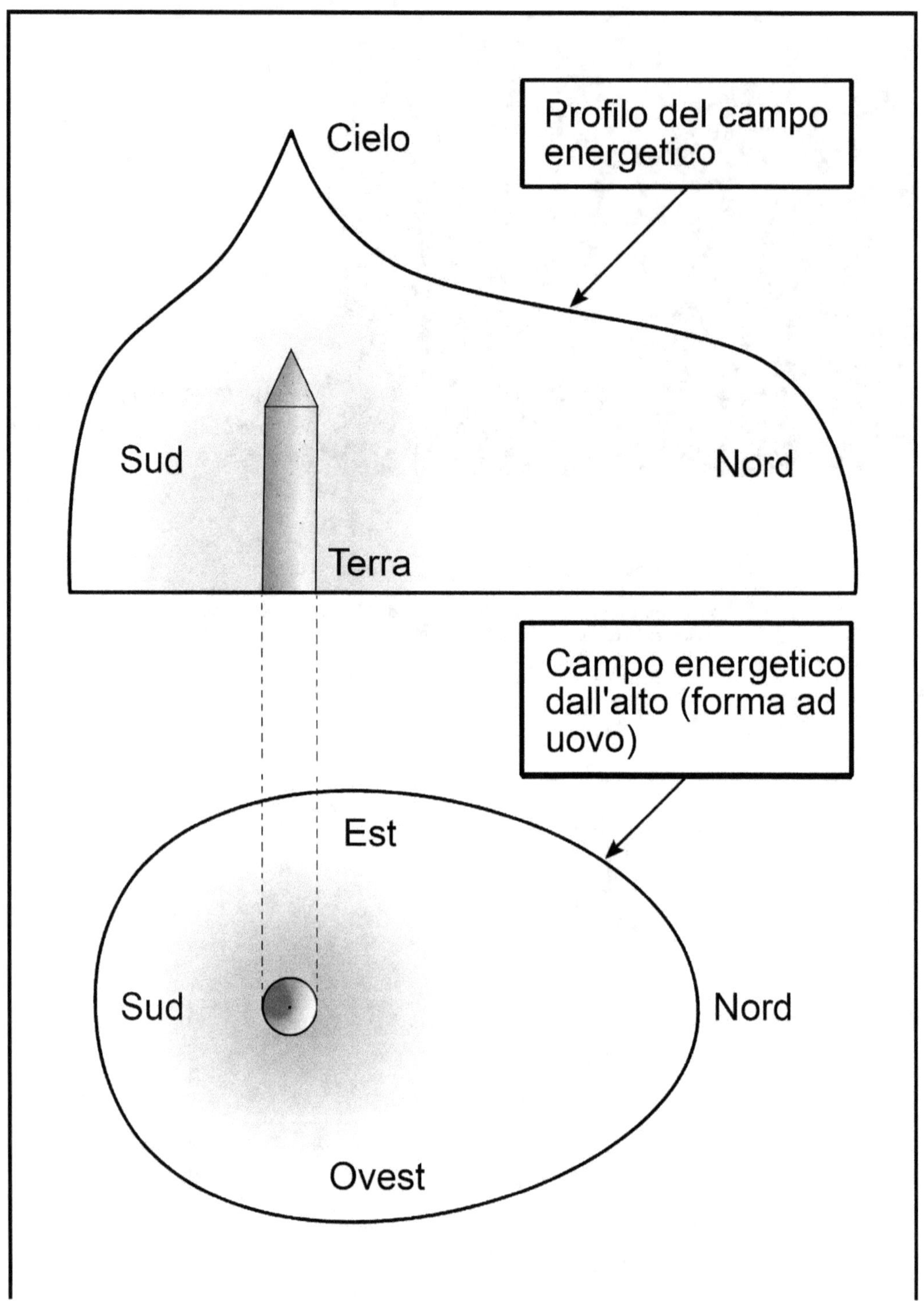

Figura 115: Campo d'influenza energetica delle torri paramagnetiche

Yannick consiglia di aggiungere almeno un cristallo di rocca nella costruzione della torre. Gli piace aggiungere la rodocrosite, che apporta ulteriori energie benefiche all'ambiente circostante. Ogni luogo può avere i suoi problemi da risolvere, quindi possiamo scegliere un cristallo specifico la cui energia può contribuire a fornire la soluzione del problema. Le possibilità sono immense. Come cristallo di base, il più comunemente usato, Yannick consiglia di integrare un cristallo di quarzo.

Osservare e interagire

Yannick ha notato che molto spesso, due settimane dopo aver riempito una torre di arenaria con del basalto asciutto, questa diventa umida fino alla cima della torre. Lo si osserva solo quando il terreno è già umido, ad esempio in inverno. Se posizioniamo la torre su un terreno molto asciutto, allora non si nota il fenomeno. Si tratta probabilmente dell'effetto capillare legato all'elettroosmosi e all'effetto punta: la punta del cappello emette elettroni, che ne attraggono altri dal terreno per ricaricarsi. L'umidità del terreno risalirà seguendo il percorso degli elettroni, umidificando così l'intera torre fino alla cima. In caso di tempo umido, il basalto in cima alla torre può essere così umido da vedere apparire l'acqua quando lo si tocca, come quando si tocca il fango. Questo può spiegare anche il fenomeno della formazione di laghi su colline o montagne. A volte l'acqua non viene necessariamente dall'alto, ma dal basso. In questo caso, è la montagna che agisce per produrre l'effetto punta e facilitare il processo di elettroosmosi. La sola azione capillare non può spiegare fisicamente un tale innalzamento dell'acqua di diversi metri, ma l'elettroosmosi sì.

Affinare le vostre capacità di osservazione vi sarà utile nel comprendere meglio le vostre applicazioni di elettrocoltura. C'è ancora molto da imparare e da condividere mentre mettiamo in pratica e perfezioniamo le tecniche, ma possiamo sapere quale strada seguire solo se prestiamo molta attenzione al comportamento e all'interazione degli impianti. Stabilire collegamenti tra ciò che vediamo in natura e ciò che osserviamo nelle nostre applicazioni rafforzerà le nostre conoscenze e renderà più sicuri i nostri prossimi passi.

ESPERIMENTO: Combinare le tecniche

Provate a combinare l'installazione di una torre rotonda paramagnetica con altre tecniche di elettrocoltura come un'antenna atmosferica, un'antenna magnetica, le piramidi, le batterie galvaniche, il basalto, una spirale di Ighina o un anello di Lakhovsky. Sono tutte tecniche compatibili e potrebbero ottimizzare i vostri risultati. Non dimenticate di condividere con noi le vostre scoperte!

Figura 116: Prima di installare questa torre, la base è stata dotata di spirali di Ighina (si veda la sezione «La spirale Ighina») rivolte verso il basso, verso la terra. In cima alla torre, sono state inserite altre cinque spirali, con le punte rivolte verso il cielo. Vosges, Francia 2016.

CONSIGLIO DELL'ESPERTO: Torri per il pollaio

L'inserimento di torri rotonde nel vostro pollaio influenzerà sicuramente la qualità della vita del vostro pollame. Un aumento della produzione di uova, una maggiore crescita vegetativa nel cortile e delle galline più felici potrebbero essere solo l'inizio.

Figura 117: *Un pollaio attrezzato con un'antenna atmosferica ed una torre di basalto.*

INNOVAZIONE: Arnia a forma di torre rotonda

Una volta compresi i principi in gioco, possiamo iniziare a far evolvere i dispositivi attraverso l'unione dei vari principi. In questo caso, il design di una torre rotonda è stato incorporato con un alveare verticale.

Figura 118: Alveare a forma di torre rotonda. L'alveare cattura ed alimenta l'energia.

Le osservazioni sull'influenza delle nostre torri rotonde possono confermare (o meno) la realtà intuita dalle nostre sensazioni. Se in alcuni casi la torre non fornisce risultati, si cerca di capirne le ragioni e si possono apportare modifiche al suo posizionamento fino ad ottenere i risultati desiderati. Non sempre riusciamo a capire tutte le forze in gioco. Queste torri non hanno ancora finito di svelarci tutti i loro segreti di funzionamento. Pensiamo tuttavia che i risultati siano spesso sorprendenti e ben visibili.

Figura 119: Fila di girasoli e zucchine che crescono velocemente ed in salute intorno alla torre rotonda paramagnetica nel giardino di Yannick.

Coni paramagnetici

*Figura 120:*Yannick con una griglia di sette coni paramagnetici.

Prendendo a modello le teste delle torri rotonde paramagnetiche, Yannick ha inventato una nuova applicazione utilizzando del basalto mescolato al cemento. Ha creato dei piccoli coni cilindrici ed ha iniziato a sperimentare con il loro posizionamento per creare campi energetici. I coni sono disposti in serie (nei due casi presentati qui, le serie comprendono 7 e 11 coni - numeri primi) e disposti secondo una griglia ben precisa.

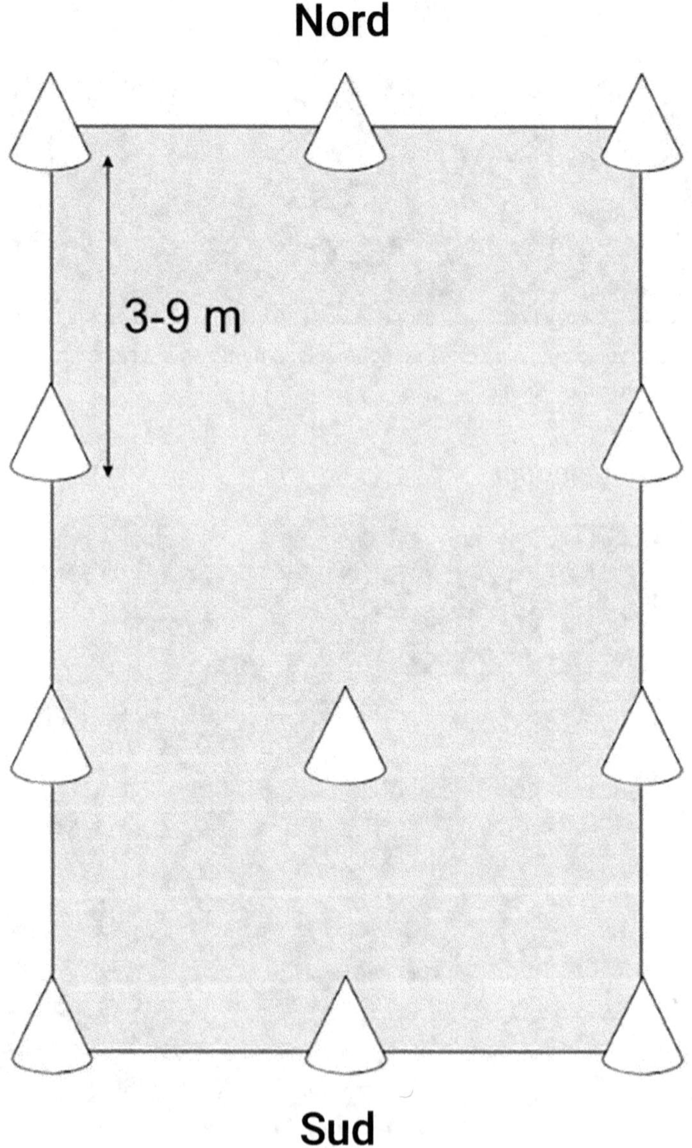

Figura 121: Possibile posizionamento di un set di 11 coni.

Si ritiene che le griglie energetiche amplifichino il campo energetico delle singole parti della griglia, integrando tra loro le energie e producendo un effetto molto più grande della somma delle sue parti.

Il posizionamento dei coni paramagnetici può essere libero o seguire griglie geometriche, come l'»albero della vita», collocando i coni in punti particolarmente energetici. Yannick consiglia di posizionare i coni sul perimetro del campo a distanza tra loro di sei-nove metri, con un cono posizionato al centro del campo. Si possono anche posizionare più coni per aumentare il campo energetico creato a tutta l'area circondata dai coni. In un piccolo orto è necessario posizionare un minimo di sette coni per farlo funzionare correttamente.

Figura 122: Possibile sistemazione dei coni in un campo.

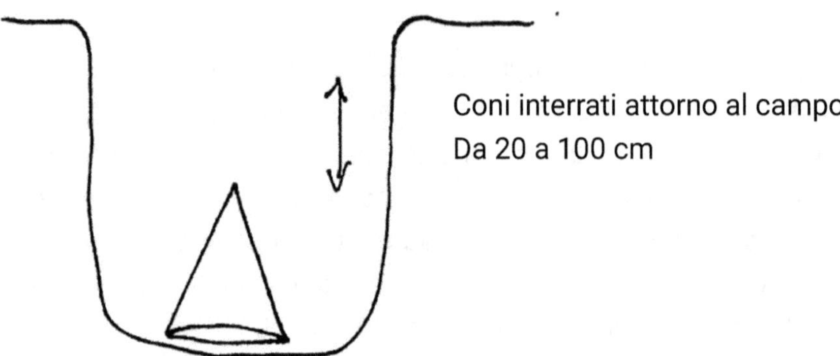

Figura 123: *I coni possono essere interrati anche in profondità, per non essere disturbati dai macchinari.*

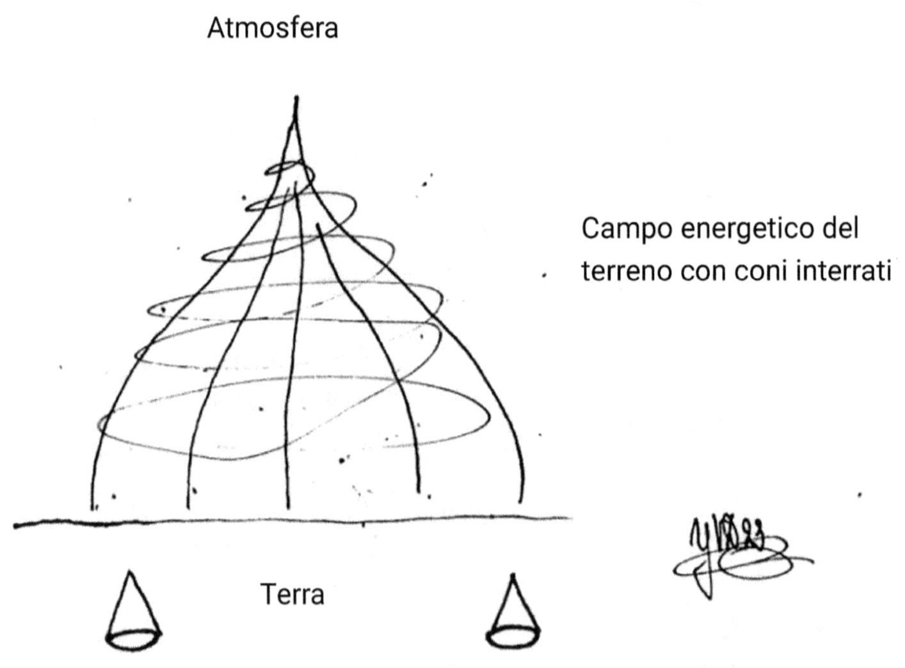

Figura 124: *Il campo energetico del cono interrato.*

Applicazione individuale del cono

Figura 125: Possibile posizionamento di un singolo cono.

I coni possono essere utilizzati anche singolarmente, collocando un cono vicino alla pianta che si vuole aiutare. Ad esempio, quando si pianta un albero, si può mettere un cono nella buca di impianto e piantare l'albero sopra di esso. Se l'albero è già piantato, si può posizionare il cono vicino o scavare una piccola buca per interrare il cono nel suolo nei pressi dell'albero.

Da quando utilizza i coni per piantare i suoi meli, Yannick ha osservato una crescita sorprendente e una maggiore produzione di mele già il primo e il secondo anno dopo l'impianto.

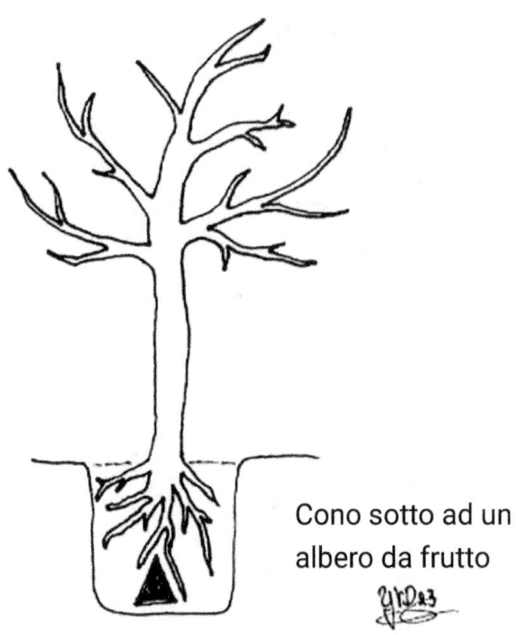

Figura 126: Possibile posizionamento di un singolo cono.

Figura 127: Un giovane pero nel garage di Yannick con 13 pere sane, crescita robusta e foglie sane solo un anno dopo l'impianto con un cono inserito nella buca di impianto.

Figura 128: Primo piano di frutti e foglie.

Figura 129: Si osserva una rapida crescita del pero.

Generatore di energia a cono collegato

Da quando ha realizzato i coni paramagnetici e li ha utilizzati come parte delle torri rotonde, Yannick ha inventato alcune nuove applicazioni che combinano i coni, il rame e la spirale di Ighina. Questa nuova applicazione inserisce una spirale di rame come quelle che faceva Ighina all'interno di un cono con un filo che si estende dalla spirale alla punta del cono, trasmettendo le sue energie benefiche.

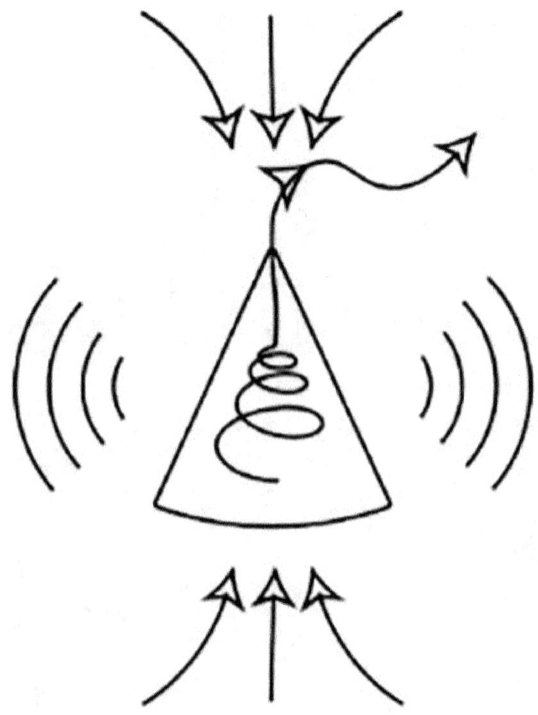

Figura 130: Spirale di Ighina incorporata dentro un cono paramagnetico.

Yannick lo collega poi ai fili dei tralicci che sostengono piante come la vite o gli alberi da frutto. I risultati sono ancora una volta sorprendenti! Ha osservato una quasi totale eliminazione delle malattie fungine, una crescita più sana e le viti sono diventate molto più prolifiche e producono più uve. Il clima dove vive Yannick è considerato normalmente troppo freddo e umido per far crescere delle viti sane, ma l'installazione dei coni accanto alle sue viti sta mostrando un enorme miglioramento.

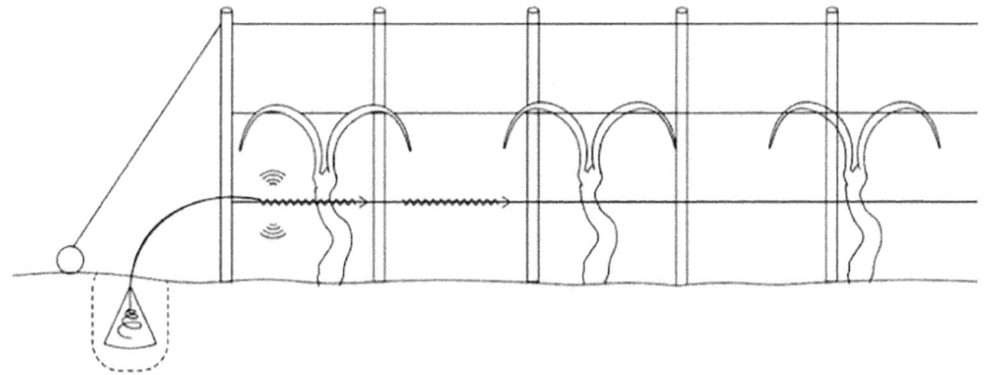

Figura 131: *Cono interrato con la spirale in rame di Ighina incorporata e con il filo di prolungamento collegato ad un cavo.*

Figura 132: *Assicurarsi che i collegamenti tra la spirale di Ighina e il filo di rame estensibile siano ben fissati.*

Figura 133: Fissare con cura i fili di prolungamento ai fili della spalliera per garantire la conduttività.

Figura 134: Successo nella coltivazione dell'uva.

Nel 2021 e 2022 Yannick ha distribuito più di 500 coni col prolungamento di rame a molti viticoltori francesi per aiutarli a coltivare uve sane. Il tempo ci mostrerà i risultati!

TESTIMONIANZE

Figura 135: Torre rotonda con cappello piatto paramagnetico.

Figura 136: Torre rotonda con cappello paramagnetico piatto nel campo di colza di Emmanuel.

LA TORRE PARAMAGNETICA DI EMMANUEL

Ecco I risultati dell'installazione di una torre rotonda da parte di Emmanuel F. nel suo campo di colza nel 2017. Ha ottenuto un raccolto di colza 2 volte superiore: 3,7 tonnellate rispetto a 1,7 tonnellate nel raggio di 50 metri. Dopo questo raccolto ha seminato alcuni cereali, ma l'anno successivo non ha riscontrato lo stesso impatto sui cereali. Questo è interessante e dimostra che non tutte le piante reagiscono con lo stesso aumento di resa, alcune di più, altre di meno o altre per niente. In generale, però, i risultati sono molto incoraggianti e propendono per una migliore qualità, una minore presenza di malattie, una maggiore resistenza al freddo ed una maggiore resa.

Figura 137: Gilles F. con i ravanelli a Tahiti.

LA RISPOSTA DEI RAVANELLI

Una piccola torre paramagnetica in un letto di ravanelli ci mostra l'area di influenza di questa torre rotonda. Più sono vicini alla torre, più i ravanelli crescono.

Figura 138: Pomodoro enorme.

Figura 139: Pomodoro enorme.

Figura 140: *Pomodori da record nell'orto di Johnman, 2022.*

POMODORI GIGANTI DI JOHNMAN

L'utilizzo di piccole torri paramagnetiche nella serra di Johnman ha prodotto pomodori incredibilmente grandi nel 2022. Diversi pesavano circa 1 chilogrammo ciascuno, molto più pesanti di quelli che aveva di solito. Se si va sul canale YouTube di Yannick, si può trovare un video dove viene mostrato l'orto di Johnman.

Mehdi Daho, l'homme qui parle à ses légumes part en quête d'un nouveau record

Habitués des records de France et d'Europe pour ses légumes, Medhi Daho, maraîcher bio à Spay dans la Sarthe, repart en campagne avec son potiron géant dimanche 2 octobre 2022,.

Le Maine Libre
Katy PARIS
Publié le 02/10/2022 à 06h16

Journal numérique

ÉCOUTER

LIRE PLUS TARD

PARTAGER

Figura 141: *Zucca gigante in una serra dotata di una torre rotonda in basalto.*

RECORD DI MEHDI

Le zucche da record di Mehdi Daho sono state coltivate con l'aiuto di due piccole torri rotonde nel 2021 e nel 2022. Il primo anno in cui ha utilizzato le torri ha battuto il suo record personale con la sua zucca di circa 100 chilogrammi, combinando le sue tecniche di coltivazione con l'aiuto fornito dalle torri rotonde.

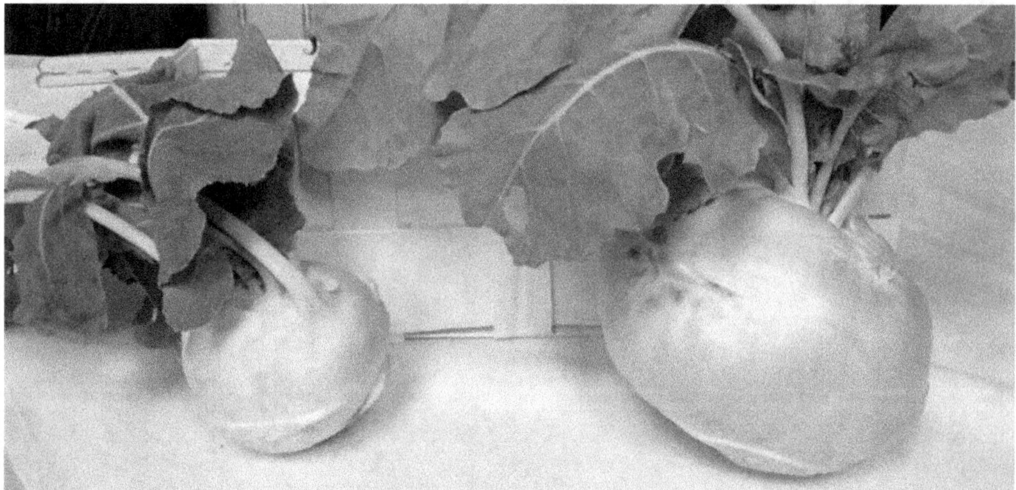

Figura 142: Differenza di rendimento.

CAVOLO RAPA VICINO A UNA TORRE

Un agricoltore austriaco di Salisburgo ha portato questo cavolo rapa a Yannick durante una conferenza nel 2012 per mostrargli i risultati che stava ottenendo in un raggio di 60 metri dalla sua torre (a destra) rispetto alle rape del gruppo di controllo a sinistra.

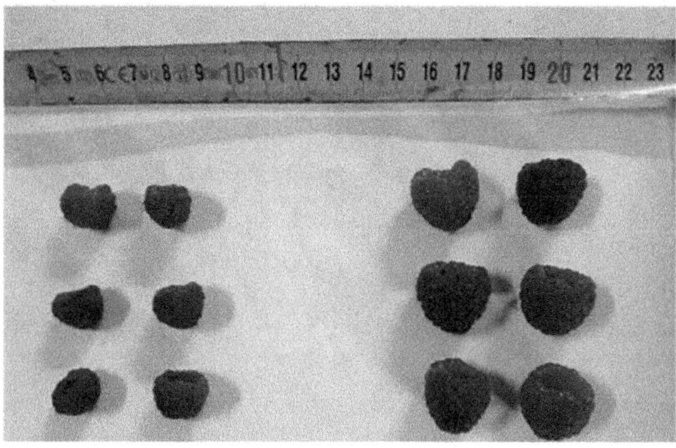

Figura 143 e 144 : Aumento delle dimensioni dei frutti di lampone.

LAMPONI PIÙ GRANDI DA YANNICK

Yannick nel suo giardino ha lamponi con piante alte 2,5 metri e frutti di dimensioni superiori alla norma che registrano un contenuto zuccherino più elevato, misurato dai livelli brix.

Figura 145 : Una foglia di rabarbaro gigante.

IL RABARBARO DI YANNICK

Nel 2020 il rabarbaro di Yannick ha raggiunto un'altezza di 1 metro e 45 centimetri.

Figura 146 : *Le radici delle piante tendono a dirigersi verso la torre. Questo è stato osservato nelle zucche, ad esempio, dal famoso coltivatore di zucche da record Mehdi, in quel caso le radici della zucca sono cresciute in direzione della torre che si trovava a cinque metri di distanza.*

Figura 147 : *Il campo energetico della torre può essere amplificato anche spargendo basalto para-magnetico in forma circolare intorno alla torre (proprio come facciamo intorno agli alberi). Yannick ha osservato un aumento dell'area di influenza pari a circa il 30% del raggio.*

Poche settimane dopo, la stessa torre rotonda di 1 metro e 50 centimetri di altezza è stata sommersa dalla grande crescita vegetativa di un letto di patate:

Figura 148, 149 e 150: Plante di patate alte come Léonie, la figlia di 6 anni di Yannick.

Figura 151: Il campo energetico della torre captato dalla fotocamera.

Figura 152: Il grande cavolfiore che affascina la figlia di Yannick, Eléonore.

Figura 153: Cavolo sano di grandi dimensioni, con un diametro di oltre 1 metro, che cresce vicino ad una torre rotonda di 26 centimetri di altezza.

ANELLI E SPIRALI

CIRCUITI OSCILLANTI / ANELLI DI LAKHOVSKY

Per molti di noi, gli anelli sono la prima tecnica che ci avvicina alle applicazioni di elettrocoltura per la loro semplicità ed efficacia. Essendo stati ampiamente esplorati da pionieri come Justin Christofleau e Georges Lakhovsky, abbiamo il vantaggio tratto dalla loro esperienza scientifica, l'accesso ai loro brevetti e le testimonianze sull'efficacia di tali anelli non solo per le piante ma anche per gli esseri umani.

Anche se la ricerca su questi circuiti all'inizio del XX secolo sembrava una novità, l'uso di anelli di rame, oro e argento ha radici storiche lontane. La potenza di questi circuiti metallici, risalenti a migliaia di anni fa, era chiaramente compresa dagli antichi che li indossavano come gioielli ed in battaglia. Oggi possiamo esaminarli solo dietro ad una teca, nelle collezioni degli artefatti di importanti musei. Perché e come la conoscenza svanisca e riemerga nel corso della storia è un fatto complesso da spiegare, ma il chiaro rimembrare di un ricordo, avvenuto più di 100 anni fa, ha riportato alla ribalta la potenza del circuito oscillante.

Figura 154: Gli anelli attraverso i secoli.

Negli anni Venti Georges Lakhovsky sperimentò i suoi circuiti metallici oscillanti ponendoli intorno a gerani iniettati con Agrobacterium tumefaciens (che causa tumori al colletto delle piante). Con l'uso di un semplice anello di rame, scoprì che le piante erano in grado di guarire dalla malattia. Il suo anello ha dimostrato di avere un effetto diretto sulla salute delle piante, che lui ha spiegato come una modalità di cattura delle oscillazioni elettriche che hanno un impatto vitalizzante sulle cellule[10].

---

[10]Georges. Il segreto della vita: le onde cosmiche e la radiazione vitale, 1939; Christofleau, Justin. Elettrocultura, 1927.

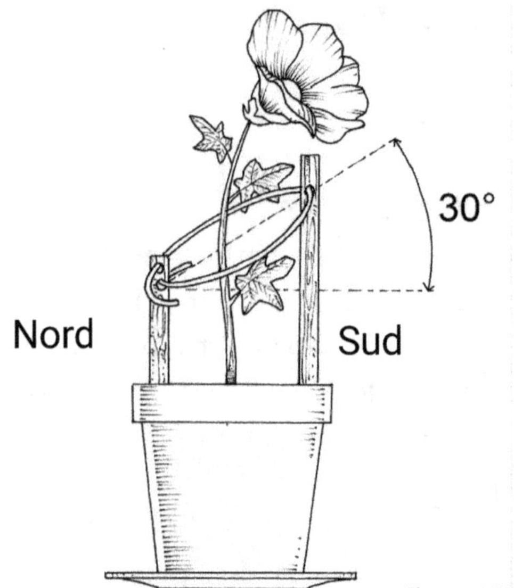

Un'illustrazione dell'applicazione di Lakhovsky dell'anello di rame attorno ad una pianta, viene sospeso con un angolo di 30° da bastoni di legno, con l'apertura del circuito rivolta a nord.

Negli anni '30 anche Justin Christofleau sperimentò la forza vitale invisibile presente nella sua «cella termoelettromagnetica», che assomigliava particolarmente a questi circuiti.

Figura 155 : Applicazione dell'anello di Lakhovsky. semplice

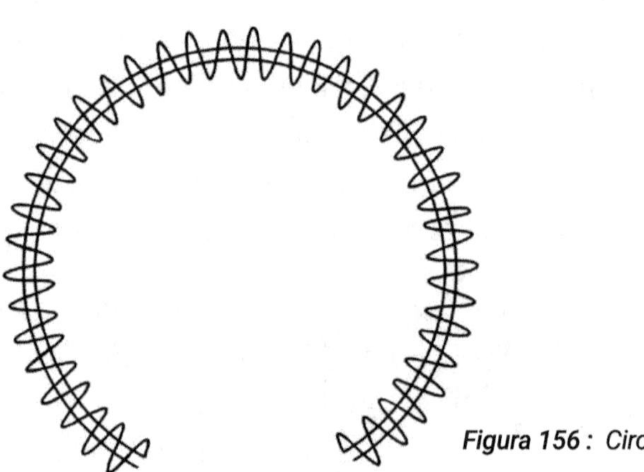

Figura 156 : Circuito oscillante.

Rappresentazione del progetto brevettato da Christofleau nel 1936 per una «Cella termoelettromagnetica», che captava il campo magnetico (attraverso un filo di ferro dolce inserito nel circuito) e raccoglieva il campo elettromagnetico (attraverso un filo di rame isolato nel circuito). Il filo di rame era spellato sulle punte e collegato alle estremità di un anello ferromagnetico che circondava la coppia. Il filo di rame e quello di ferro dolce erano isolati e rimanevano non isolati solo alle loro estremità dove entravano in contatto. La connessione di rame e ferro crea una batteria e ogni variazione di temperatura amplifica la formazione di sottili correnti elettriche tra i due metalli e nell'intero circuito da essi formato. Le onde benefiche che venivano generate al centro dell'anello erano ritenute vitali per le piante e, come Lakhovsky aveva dimostrato con successo, anche per gli esseri umani.

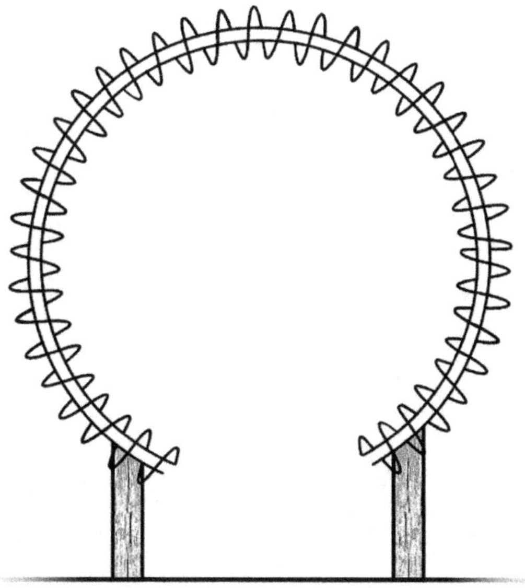

Figura 157 : Dispositivo oscillante formante un campo magnetico.

In un brevetto del 1938, Christofleau ha presentato un dispositivo a campo magnetico oscillante. Si tratta di un pezzo di metallo il cui scopo è attrarre l'energia elettromagnetica della natura che lo circonda per aumentare la vitalità degli organismi viventi posti nel suo raggio d'azione. Il pezzo di metallo formava un cerchio non chiuso con l'apertura rivolta verso il basso. La sua esperienza ha dimostrato che con l'apertura rivolta verso il basso, verso il terreno, e con una delle facce rivolta a sud e l'altra a nord, la quantità di elettricità nel sistema aumenta. Diventa una sorta di serbatoio elettrico naturale che si riempie e viene alimentato da una serie di piccole punte che agiscono come mini parafulmini lungo tutto il perimetro dell'anello. La sua forma lo rende quindi un potente circuito oscillante. Nel suo brevetto spiega che ogni organismo vivente posto al lato nord di questo anello aperto avrebbe goduto di un incredibile aumento di energia vitale o forza vitale.

Una volta che un filo conduttore forma un anello, si crea una corrente elettrica nel filo. Gli elettroni liberi vanno avanti e indietro da un'estremità all'altra alla velocità della luce, creando una sorta di frequenza d'onda portante. Questa circolazione avanti e indietro degli elettroni creerà un campo magnetico all'interno del filo e della spira. Il gioco di forze del campo magnetico generato su di un anello aperto fa sì che il campo magnetico sia in gran parte neutro all'esterno dell'anello ed amplificato al suo interno.

Figura 158 : Circuito oscillante appeso ad un albero.

Il circuito oscillante assomiglia ad un'antenna nella sue azioni di ricevitore, trasmettitore ed amplificatore delle onde elettromagnetiche naturali; gli organismi viventi all'interno del circuito oscillante ne traggono beneficio: sono rafforzati, più resistenti e in maggiore sintonia con il loro ambiente.

La frequenza di base del circuito sarà diversa per ogni circuito oscillante. Dipenderà dal metallo, dal suo diametro, dalla lunghezza o dal diametro dell'anello, dal materiale isolante tra le due estremità (aria, acqua, plastica) e dalla distanza tra le due estremità. Sono molti i fattori che influenzano la frequenza di base di un circuito, per cui è quasi impossibile ottenere esattamente la stessa frequenza in due circuiti diversi. Come si può immaginare, ci saranno frequenze o intervalli di frequenze migliori per alcuni impianti rispetto ad altri e probabilmente anche le dimensioni dell'anello saranno ottimali rispetto ad altre. Queste complessità non vogliono dissuadere dall'uso di anelli di dimensioni e design diversi, ma dimostrano quanto sia ancora da esplorare il tema delle frequenze e della loro influenza.

Figura 159 : Progetto di circuito oscillante di Yannick.

Yannick ha progettato un modello di circuito oscillante molto efficace, costituito da uno o più fili di rame intrecciati e che terminano alle loro estremità con una sfera di legno di faggio. Li realizza in diverse dimensioni, tra cui un modello di grandi dimensioni destinato principalmente ad alberi e piante, della lunghezza di un cubito reale. È possibile trovarli sul suo sito web.

Ispirandosi all'invenzione di Christofleau, Yannick ha inventato un nuovo modello composto da due fili di rame attorcigliati e rifiniti con una sfera di legno di faggio, su ciascuna estremità, che funge da condensatore. L'anello è stato posizionato, come un circuito oscillante di Lakhovsky, in posizione verticale con l'apertura verso il basso, intorno ai rami di un albero da frutto. Il circuito è stato posizionato in modo tale che il tronco dell'albero si trovasse a nord, di fronte al circuito oscillante, sospeso dal ramo come se gli stessimo mettendo un braccialetto aperto. Yannick ha notato ottimi risultati con questa applicazione.

Figura 160 : *Circuito oscillante appeso ad un albero.*

Figura 161 : *Nuovo progetto.*

Nella primavera del 2023 Yannick ha avuto una nuova idea ispirata ai circuiti oscillanti di Christofleau e Lakhovsky, orientati verticalmente. Con questo orientamento Justin Christofleau spiega che ogni organismo vivente posto a nord del circuito beneficerà di un enorme aumento della sua energia vitale. Tenendo presente questo concetto Yannick ha sviluppato un bastoncino per piante in rame o ottone con due circuiti oscillanti integrati ed un disco piatto che lo circonda. In mezzo troviamo un cerchio dotato di punte affilate per aumentare l'interazione con l'energia elettromagnetica naturale dell'intorno. Si tratta di un bellissimo ornamento per le piante che ha anche effetti energizzanti sulle piante situate al suo lato nord e nelle vicinanze. I primi risultati sono promettenti. Le piante e i semi sembrano apprezzarlo, mostrando una maggiore germinazione ed una migliore crescita.

COME SI FA : Realizzare ed utilizzare un anello

Materiali

Il rame è il materiale più comunemente usato per questi anelli, ma come abbiamo visto grazie ai brevetti di Christofleau, altri metalli sono meritevoli di essere utilizzati per la sperimentazione.

Diametro del filo

Scegliete un semplice filo di rame unico o intrecciato. Dovrebbe essere abbastanza spesso in modo da poter formare un anello armonioso che mantenga la sua forma e rimanga dove lo posizioniamo ma abbastanza morbido per poter essere modellato facilmente.

Collocamento e orientamento

Gli scopi per cui possiamo utilizzare un anello possono essere molteplici: aiutare la germinazione, rivitalizzare una pianta malata, dare energia all'acqua e ai semi, sostenere le talee che stanno radicando, aiutare una pianta a resistere all'attacco dei parassiti, proteggere una pianta dal gelo, far uscire anticipatamente le piante dalla dormienza, dare energia a un'intera serra... In questo caso c'è molto spazio per la sperimentazione ed i risultati per gli esseri umani non sono meno affascinanti, come può testimoniare il lavoro di Lakhovsky effettuato negli ospedali di New York[11].

---

[11]Clement, Mark. The Waves the Heal: The New Science of Radiobiology. London, UK: True Health Publishing Company, 1949 Testo che illustra il lavoro di Georges Lakhovsky, con testimonianze di medici che hanno utilizzato i suoi circuiti oscillanti per curare i pazienti.

Quando si decide la forma e il posizionamento dell'anello, ci sono alcuni suggerimenti da tenere presente:

Il circuito deve rimanere aperto. Le estremità possono sovrapporsi, ma non devono toccarsi.

Il circuito deve essere aperto verso nord quando si trova in posizione orizzontale. Funzionerà anche con altri orientamenti, ma sarà ottimizzato e funzionerà meglio quando l'apertura è rivolta a nord.

Spellare le estremità dell'anello per evitare «cortocircuiti» quando il metallo tocca la pianta, il paletto o il terreno. Non è necessario spellare l'intero filo per ottenere dei risultati.

Ecco alcuni modi diversi in cui gli anelli possono essere posizionati:

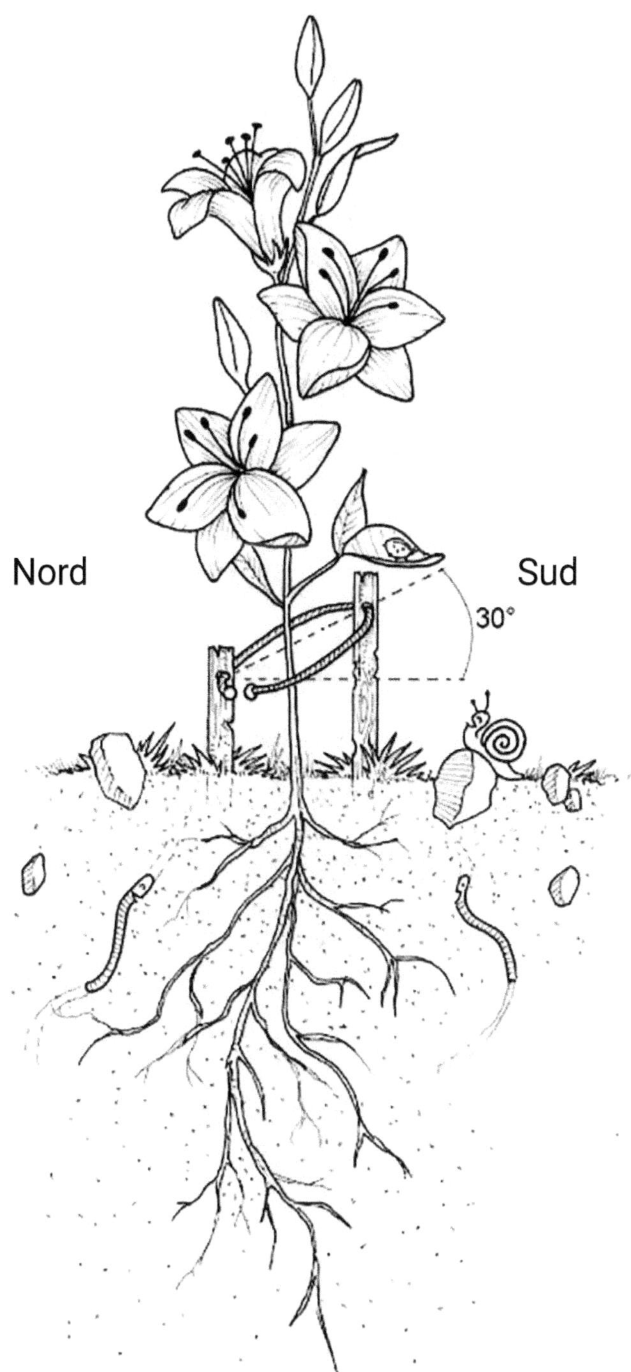

Figura 162 : *Posizionamento corretto mostrato nei primi esperimenti di Georges Lakhovsky.*

Come ha fatto Lakhovsky con i suoi gerani, l'apertura va rivolta a nord e l'anello va sospeso inclinato con un angolo di 30°.

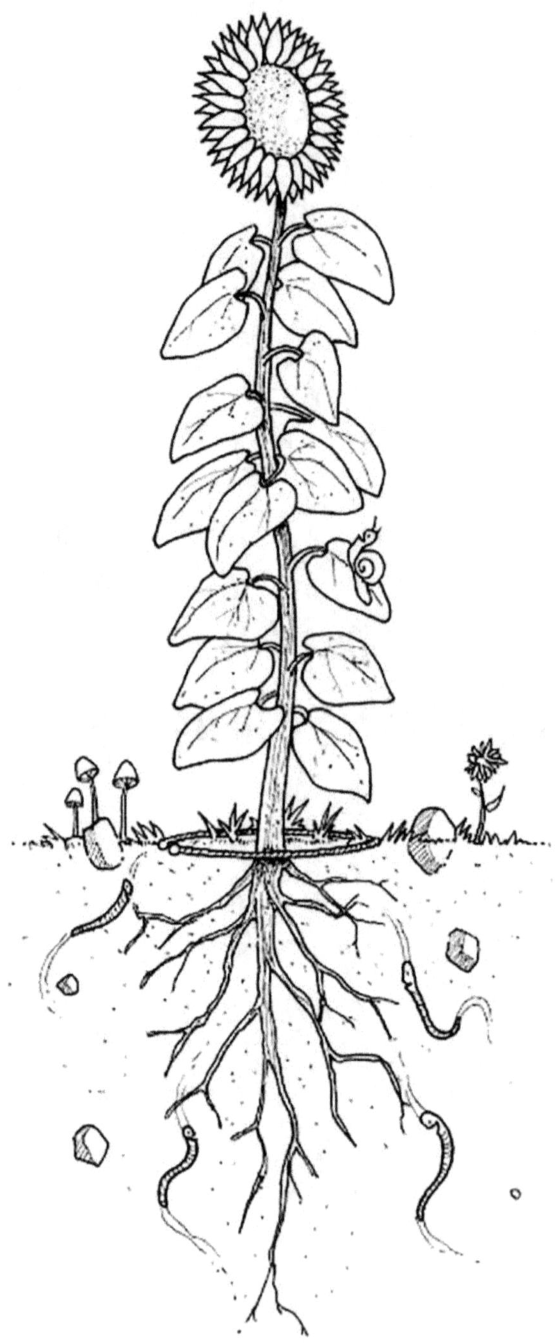

Figura 163 : *Posizionamento a terra.*

Alla base di una pianta, posto in orizzontale sul terreno, con l'apertura rivolta a nord.

Figura 164 : *Posizionamento alla radice della pianta.*

Interrato nel terreno, intorno alle radici della pianta, con l'apertura rivolta a nord.

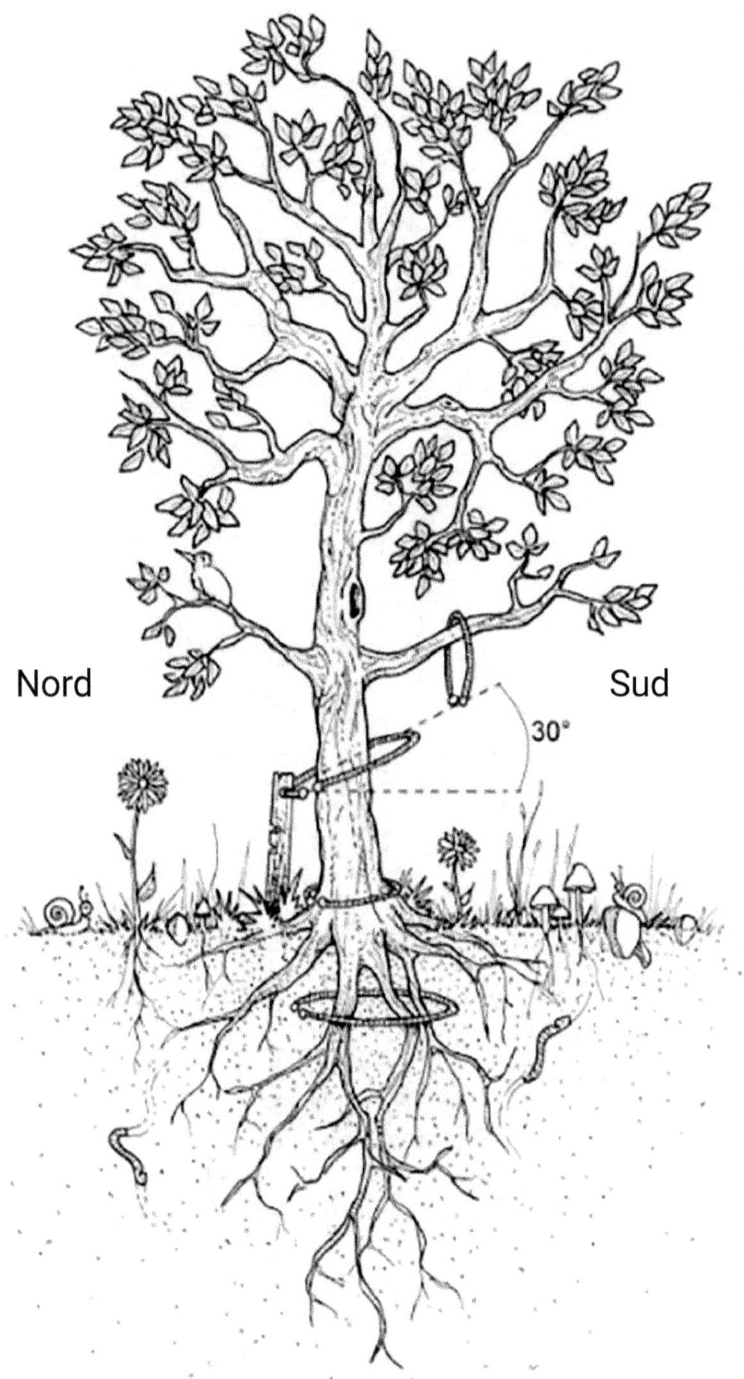

Figura 165 : *Svariate possibili soluzioni per installare il circuito oscillante.*

Una combinazione di tutti e tre: intorno al tronco con un angolo di 30°, alla base dell'albero, sotto il terreno intorno alle radici dell'albero o appeso a un ramo sul lato sud dell'albero, in modo che le energie benefiche emanino verso nord in collaborazione con il campo magnetico naturale della Terra.

Queste tecniche possono essere riprodotte anche in casa con le piante in vaso, utilizzando gli stessi principi.

Più sono, meglio è?

Più anelli di Lakhovsky ci sono, più onde benefiche ci sono. Per quel che ne sappiamo, non è stata ancora osservata nessuna casistica di sovradosaggio con dei semplici circuiti oscillanti. Più dispositivi sembrano in grado di amplificare gli effetti benefici, quindi vale la pena considerare un'installazione con più anelli.

Colore del filo

Sono in corso esperimenti per analizzare l'influenza dei diversi colori sulle piante, poiché anche i colori emettono delle frequenze elettromagnetiche. Sebbene questo non sia una priorità per i circuiti oscillanti, può comunque essere preso in considerazione. Yannick ha sperimentato per diversi anni i colori rosso e blu sui meli. Ha osservato i benefici dei circuiti oscillanti su meli poco in salute: il colore rosso aumenta chiaramente il numero di fiori e poi di mele. Un melo simile, dotato di un circuito oscillante Lakhovsky blu, ha manifestato una crescita vegetativa maggiore, ma ha sviluppato meno fiori. Ciò corrisponde a quanto osservato anche con le luci di coltivazione artificiale a LED, dove la luce di colore blu è stata utilizzata per stimolare principalmente la crescita vegetativa e le luci di tonalità rossa vengono usate per stimolare la fioritura. La sperimentazione relativa al colore dei circuiti è ancora agli inizi, ma possiamo già dire che esiste una forte influenza che non sempre riusciamo a comprendere appieno. Ogni colore ha le sue particolarità ed i suoi effetti speciali.

Per quanto tempo si deve lasciare una bobina su una pianta?

Questi anelli possono rimanere in posizione su una pianta o su un albero a tempo indeterminato, poiché la loro influenza non ha un effetto temporaneo, ma continuo.

Impianti permanenti per piante perenni

Gli anelli di Lakhovsky sono interessanti nelle colture perenni, come l'arboricoltura e la viticoltura, dove le piantagioni rimangono in loco per anni o addirittura decenni. In questi casi, vale la pena di dotare ogni pianta di un anello di Lakhovsky in rame. Per farlo nel modo più semplice, bastano un paio di pinze e un rotolo di filo di rame da elettricista lungo 100 metri o più. Una volta procurati camminate lungo la fila di impianto e tagliate un pezzo di filo dal rotolo per avvolgerlo correttamente intorno ad ogni pianta di vite o albero da frutto. Preparate in anticipo un set di cento anelli per posizionarli sulle viti e sugli alberi nei frutteti più grandi.

Utilizzo degli anelli per la conservazione degli alimenti

Gli anelli possono essere utilizzati per la conservazione di verdure sottaceto, vino, kefir ed altri alimenti. Provate a fare un esperimento con un anello e della frutta sul bancone della cucina per verificare voi stessi le sue potenzialità.

Figura 166 : Conservazione degli alimenti. Zucca invernale in aprile.

LA SPIRALE DI IGHINA

Come Lakhovsky e Christofleau, anche il lavoro del ricercatore e inventore italiano Pier Luigi Ighina è stato preso in considerazione ed utilizzato nelle applicazioni di elettrocoltura. Ighina ha lavorato al di fuori della comunità scientifica e non ha brevettato le sue invenzioni, ma la sua ricerca continua a sostenere le invenzioni di altri ricercatori riguardanti la manipolazione del clima, la levitazione e la guarigione. Nella sua teoria sulle spirali, Ighina sosteneva che esiste una rotazione in senso orario dell'energia dal sole in direzione del centro della terra, dove questa viene riflessa per poi ritornare al sole. Le sue spirali metalliche fanno parte di diverse sue invenzioni, come il «Letto di guarigione a risonanza passiva», il «la Valvola antisismica» e l'»Apparecchio ERIM», che si ritiene possa rigenerare le cellule[12].

Figura 167 : Spirale di Ighina alla base del rabarbaro

---

[12]*Pier Luigi. La Scoperta Dell'atomo Magnetico. Cooperativa Tipografico, gennaio 1954.*

Nell'ambito dell'elettrocoltura, le spirali metalliche di Ighina sono utilizzate singolarmente o in coppia, con una punta rivolta verso il cielo e l'altra verso la terra. La spirale con la punta rivolta verso l'alto mira a catturare le energie cosmiche, mentre quella rivolta verso il basso cattura le energie telluriche. Secondo le sue ricerche efettuale per la creazione dell'apparecchio ERIM (emettitore ritmico impulsivo magnetico) , il punto in cui queste due energie si incontrano è quello in cui Ighina credeva avvenisse la guarigione.

Figura 168 : Spirale di Ighina.

Figura 169 : Il genio Pier Luigi Ighina comprese il potere delle spirali, ispirato dalle sue attente osservazioni sulle lumache. Si osserva quasi sempre una rotazione in senso orario dal centro alla base del guscio della lumaca.

COME SI FA: Piazzare le spirali di Ighina

Figura 170: Le spirali di Ighina possono essere inserite in tutto il giardino. Qui Yannick colloca due spirali doppie di Ighina in un vaso.

Figura 171: Un altro posizionamento nel vaso.

Materiali

Le spirali di Ighina possono essere realizzate in rame, alluminio o qualsiasi altro metallo. È stato osservato che anche l'uso di gusci di lumaca in giardino può fungere da antenna. Lo stesso Pier Luigi Ighina utilizzava soprattutto l'alluminio per realizzare le sue spirali. Yannick ha scoperto che anche il rame funziona molto bene. La maggior parte dei metalli va comunque bene per realizzare le spirali di Ighina.

Diametro del filo

Qualsiasi filo abbastanza malleabile da potersi piegare ma sufficientemente robusto da mantenere la forma sarà adatto a questa applicazione.

Posizionamento e orientamento

Le spirali di Ighina possono essere collocate in cima alle antenne atmosferiche, direttamente sul terreno di orti o nei vasi, oppure possono essere fissate a dei picchetti metallici per sospenderle sopra una zona del giardino.

Figura 172: Dispositivo nel giardino.

Figura 173 : *Dime per spirali.*

Partendo dalla cima, avvolgete il filo in senso orario scendendo verso la base della spirale. Più grande è la spirale, maggiore è l'impatto che si ritiene questa abbia. È possibile produrre degli stampi con una stampante 3D per facilitare la creazione di molte spirali. Lasciando qualche centimetro di filo alla base, sarà più facile collegare le spirali alle antenne o posizionarle in piedi nel terreno.

Figura 174 : *Dime per spirali.*

ANTENNA A BATTERIA GALVANICA

Figura 175 : *Esempio di antenna a batteria galvanica applicata ad una pianta di rosmarino.*

Un'antenna a batteria galvanica contiene due tipi diverso di metallo: un'asta in rame e un'asta in acciaio zincato. Questi metalli diversi sono naturalmente caricati con polarità diverse. L'asta di rame ha carica negativa mentre l'asta di acciaio zincato è carica positivamente. Questi metalli dissimili, collegati tra loro, creano una debole corrente tra le due barre che funziona, come nei circuiti, come stimolatore della crescita.

Una batteria galvanica collegata al sottosuolo è chiamata anche batteria di terra. Si tratta di uno sfruttamento della tendenza naturale dei metalli a facilitare lo scambio di elettroni e la conseguente creazione di una sottile corrente benefica. Queste batterie galvaniche funzionano meglio se il terreno è umido e ricco di minerali.

Nel terreno tra le due aste si genererà un campo elettrico che aiuta a stimolare la crescita. Questa è un'antenna a batteria galvanica concepita da Yannick per il giardino e le piante in vaso. È costituita da uno spesso tondino di acciaio zincato e da un tondino di rame collegati tra loro con un sottile filo di rame e uniti da una sfera di legno. Si adatta a piante di piccole e medie dimensioni. In questo caso la pianta va situata tra le due aste metalliche.

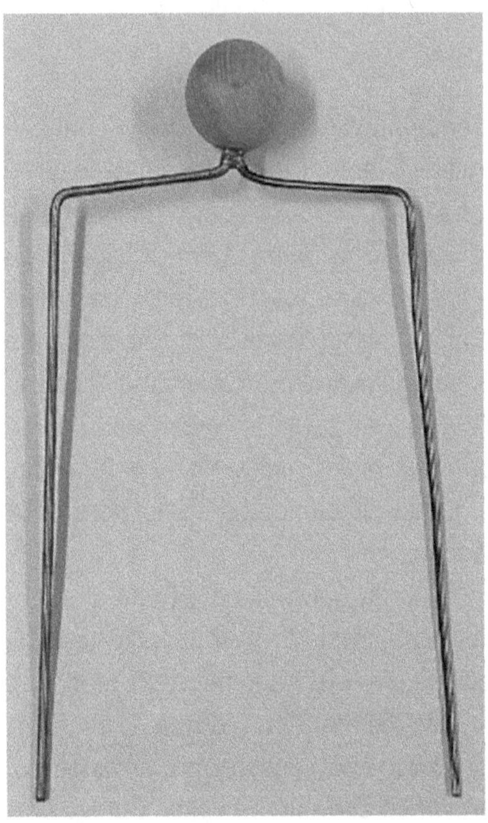

Figura 176 : *Il progetto di batteria galvanica di Yannick*

Le versioni più grandi e rustiche delle antenne a batteria galvanica possono essere facilmente costruite per adattarsi alle piante più grandi. Si possono realizzare utilizzando un pezzo di tondino di ferro e un tubo di rame, collegati tra loro con un filo di acciaio galvanizzato o di rame.

L'idea di utilizzare una batteria galvanica per aiutare le piante a crescere è nata con l'agronomo russo Spechnew, intorno al 1890. Egli riuscì ad aumentare la crescita delle piante in un campo coltivato grande un ettaro. In un lato del campo interrò una striscia di rame larga circa 15 cm e dall'altro lato del campo una piastra di zinco. Le piastre sono state posizionate lungo l'intera lunghezza di ciascun lato del campo e collegate tra loro con un filo isolato. Ha osservato un aumento della crescita delle colture su tutto il campo.

Figura 177 : *Un sistema di batterie galvaniche installato da Benoît Louppe nel suo giardino.*

162

Nel libro Electro-horticulture di George s. Hull (1898) si legge:

«La batteria di terra nelle mani di Spechnew, nel giardino botanico di Kew (Londra), ha ottenuto risultati sorprendenti. Egli ha interrato piastre di zinco e rame, di circa un metro e mezzo di lato e collegate da fili di rame, in aiuole in cui ha piantato vari cereali e ortaggi. Ha riferito che in alcuni esperimenti con i cereali in queste aiuole elettrificate gli steli erano quattro volte più grandi e la resa del grano una volta e mezza superiore a quella di un'aiuola non soggetta ad un trattamento elettrico.
Nel terreno elettrificato in questione ha prodotto un ravanello lungo diciassette pollici che misurava cinque pollici di diametro nonchè una carota di quasi undici pollici di diametro e del peso di cinque chili. Entrambi erano succosi e di buon sapore»[13].

In breve, ciò che accade nella batteria di terra è ciò che segue: alcuni composti presenti nel terreno umido agiscono chimicamente sullo zinco (elemento positivo), generando una corrente elettrica. Questa corrente passa attraverso il terreno fino al rame (elemento negativo), passano per il rame fino al filo posto sopra al terreno e attraverso questo arrivano allo zinco, creando un circuito. Applicando un galvanometro sensibile a questo filo, si può misurare il flusso di corrente attraverso la deflessione dell'ago. Questa corrente continua attraversando il terreno agisce su alcuni dei composti in esso contenuti e anche sulle radici delle piante, permettendo i buoni risultati che sono soliti nella pratica dell'elettrocoltura.

Yannick ha ottenuto ottimi risultati con questa tecnica su viti e alberi da frutto. Nei test preliminari Yannick ha utilizzato questa tecnica su una talea di vite, che è cresciuta più del doppio rispetto a una vite di controllo simile. Su un melo ha misurato una crescita della lunghezza dei nuovi germogli di oltre il 30% rispetto ad altri meli piantati nello stesso periodo senza dispositivo.

Per funzionare, la superficie di contatto del metallo costituente la batteria di terra deve essere sufficiente. Una batteria fatta di fili troppo sottili piantati nel terreno non genererà una quantità di elettricità sufficiente a farla funzionare. Servono piastre o barre o tubi di diametro maggiore. Yannick ha ottenuto buoni risultati con aste metalliche di 5 millimetri di diametro piantate a 10-30 centimetri nel terreno, ma in questo caso sarebbe

---

[13]Georges S. Electro-horticulture. Knickerbocker Press, 1898, pag. 18.

meglio se fossero più grandi. Piastre da 10-30 centimetri sarebbero ancora meglio per aumentare la superficie di contatto con il terreno ed aumentare il potenziale di corrente generato. Lo svantaggio di utilizzare piastre più grandi è la maggiore quantità di rame, che può essere piuttosto costosa. Un modo possibile per aumentare leggermente la corrente sarebbe quello di collegare le piastre o le barre ad un piccolo pannello solare o ad una batteria, ma questo esula dalle tecniche di elettrocoltura passiva. Un altro modo più naturale per aumentare la corrente potrebbe essere quello di collegare l'impianto ad un'antenna atmosferica che raccolga un po' di elettricità atmosferica o ad un cristallo di quarzo posto al sole e avvolto da un filo di rame che generi un po' di piezoelettricità o agisca come una mini-cella solare. Ci sono molti modi per essere creativi e sperimentare questa tecnica.

INNOVAZIONE: *La cintura di anelli di rame*

Figura 178 : Una cintura di guarigione.

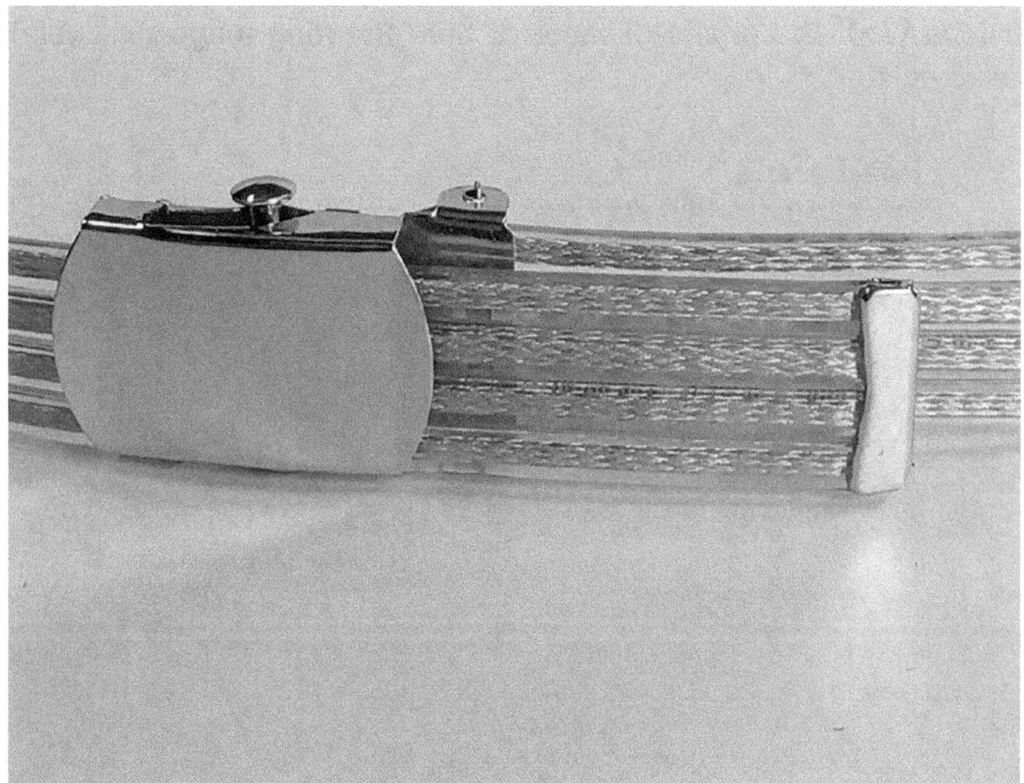

Figure 179: Il progetto della cintura di guarigione di Yannick.

La conformazione della cintura di Yannick, realizzata con fili metallici, ricorda il lavoro di Georges Lakhovsky, i cui circuiti oscillanti erano usati per curare sia le piante che le persone. Questa cintura può essere indossata intorno alla vita o posizionata intorno ad un albero, ad un serbatoio d'acqua o ad una botte di vino in fermentazione.

INNOVAZIONE: L'anello di rame di Slim Spurling lungo un cubito reale egizio

(19) **United States**

(12) **Patent Application Publication**   (10) Pub. No.: **US 2009/0040122 A1**

Spurling   (43) Pub. Date: **Feb. 12, 2009**

(54) **RINGS AND HARMONIZER**

(76) Inventor: **Gary Spurling**, Erie, CO (US);
Katharina F. Spurling-Kaffl, legal representative, Erie, CO (US)

Correspondence Address:
PATENT LAW OFFICES OF RICK MARTIN, PC
PO BOX 1839
LONGMONT, CO 80502 (US)

(21) Appl. No.:   **12/188,061**

(22) Filed: **Aug. 7, 2008**

Related U.S. Application Data

(60) Provisional application No. 60/954,474, filed on Aug. 7, 2007.

Publication Classification

(51) Int. Cl.
H01Q 1/36   (2006.01)
(52) U.S. Cl. 343/718

(57)   **ABSTRACT**

Rings of metal are made from combinations of multi-strands. Each ring starts as a strand with a length of either a sacred cubit (20.6 inches), lost cubit (23.49 inches) or a fraction thereof. A fraction could be a value greater or lower than the unit 1. A multi ring and coil device is named a harmonizer. Each device can be used as a simple antenna to propagate sound waves from speaker or other energy waves. In theory each device creates a free energy called ether, perhaps a by-product of a gravitational standing wave which may be evolving throughout all time and space. Applications for the antennas include the healing arts and pollution control.

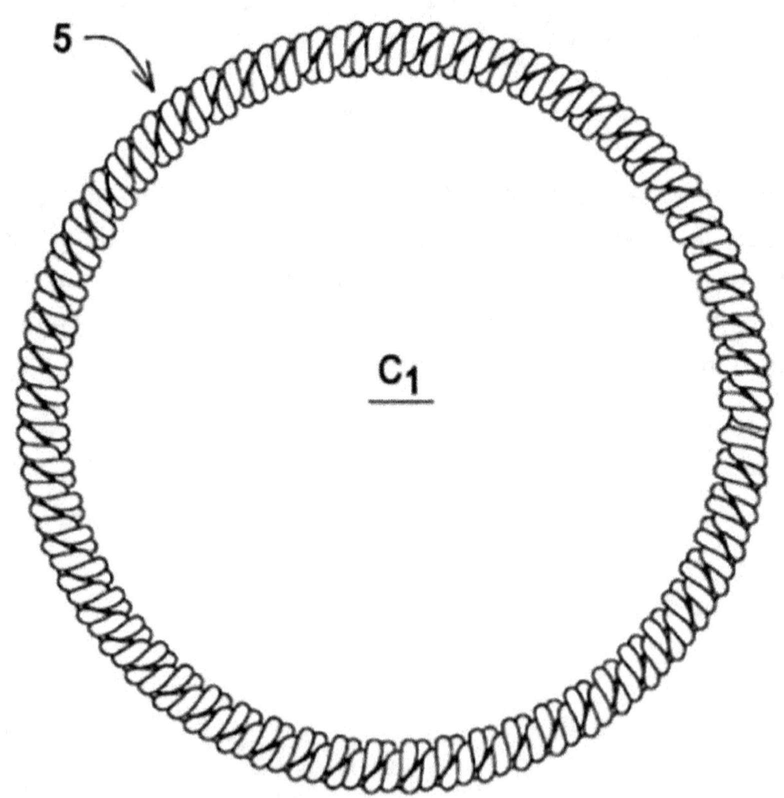

Figure 180: Disegno di Slim Spurling dal suo brevetto.

Figure 181 : Variante del dispositivo di Slim Spurling.

Figure 182 : Variante del dispositivo di Slim Spurling.

L'innovazione di Slim Spurling costituita da un filo metallico chiuso e intrecciato della lunghezza di un cubito reale (52,5 centimetri o più precisamente 52,33 centimetri) ha dimostrato la propagazione di «un'energia libera chiamata etere», secondo la sua domanda di brevetto. Tra le applicazioni dichiarate da Spurling figurano la guarigione e il miglioramento dell'inquinamento. Secondo quanto descritto nel libro "Slim Spurling's Universe: The Light-Life™ Tecnology: Ancient Science Rediscovered to Restore the Health of the Environment and Mankind" di Cal Garrison[14], l'idea di Slim Spurling fu quella di testare un circuito di Lakhovsky con un filo di rame attorcigliato e poi di chiuderlo ad anello nella misura esatta della lunghezza del cubito reale. Sembrava funzionare molto bene su piante e semi. Questo ha dato a Yannick l'idea di utilizzare proprio questa lunghezza per realizzare il circuito di Lakhovsky ad anello aperto ed ha scoperto che funzionava molto bene. Probabilmente questa lunghezza particolare entra in relazione con qualche benefica lunghezza d'onda elettromagnetica terrestre naturale che fluttua intorno a noi e che alcuni definiscono col nome di etere.

COMBINARE LE TECNICHE

Figura 183: Combinazione dell'anello di Lakhovsky con l'antenna magnetica.

---

[14]Garrison, Cal. *Slim Spurling's Universe: The Light-Life™ Technology: Ancient Science Rediscovered to Restore the Health of the Environment and Mankind. IX-EL Publishing LLC, 2004.*

Nel tentativo di aumentare l'effetto del circuito oscillante su zone più ampie, Yannick ha avuto l'idea di combinarlo con la sua antenna magnetica terrestre ed ha funzionato. Yannick ha preso l'abitudine di aggiungere un mini anello di Lakhovsky come un braccialetto intorno ai magneti dell' antenna magnetica terrestre; ha osservato che migliorano i risultati lungo tutta la linea del filo zincato. Ad oggi Yannick incorpora un circuito di oscillazione in rame in tutte le sue antenne magnetiche terrestri. Ogni anno lavora per progredire nella ricerca e attua esperimenti al fine di scoprire nuovi modi per migliorare le tecniche. La gamma dei possibili miglioramenti è ancora infinita, poiché ci sono ancora molteplici idee inesplorate da testare, che potrebbero diventare le nuove tecniche rivoluzionarie del domani.

Pensare in grande

Un anello può essere posizionato intorno a una struttura grande come una serra. Questa qui, nel giardino di Yannick, è circondata da un anello largo cinque metri.

Figura 184: Anello posizionato intorno a una piccola serra.

TESTIMONIANZE

CRESCITA MAGGIORE DELLE PIANTINE

I risultati ottenuti da Yannick con il suo circuito oscillante intorno alle piantine di broccoli. Le piantine sulla destra sono diventate più grandi e più forti. Esperimenti condotti con un filo di rame attorcigliato della lunghezza di un cubito reale e dotato di sfere di faggio alle estremità.

Figura 185 : *L'anello determina una crescita maggiore della pianta e delle radici.*

Figura 186 : Misura degli effetti dell'anello su di un tarassaco

FOGLIE DI TARASSACO GIGANTI

Le osservazioni di Raphael D. dopo aver posizionato un anello di Lakhovsky mul-
ticolore. Una pianta di tarassaco ha raggiunto dellle stupefacenti dimensioni: le
foglie erano lunghe 64 centimetri.

Figura 187 : Gli anelli favoriscono la formazione di talee sane e forti.

RADICAZIONE PIÙ RAPIDA DELLE TALEE

Dominique Beleyn è un appassionato di elettrocoltura in Belgio che ha fatto molti esperimenti nell'ambito. In questo esperimento con le talee di Kalanchoe ha
posato un circuito oscillante di Lakhovsky, composto da due fili elettrici di rame
intrecciati tra loro, direttamente sul terriccio di un vaso. Dopo qualche settimana,
le talee nel vaso con l'anello si sono sviluppate più rapidamente e sono cresciute
di più. Le foglie erano molto più grandi e le talee più vigorose. Inserire un piccolo
guscio di lumaca nel vaso è stato sicuramente un ulteriore aiuto, poiché i gusci
delle lumache funzionano anche come antenne.

Figura 188: Confronto della crescita delle piantine di porro. A sinistra il vaso di controllo. A destra, il vaso è dotato di un circuito oscillante di Lakhovsky. Il vaso con il circuito mostra un netto aumento della resa.

Figura 189 : La versione di Yannick dell'anello di Lakhovsky.

ENERGIZZAZIONE DELL'ACQUA CON UN ANELLO

Un giardiniere pubblico di Bruxelles ha intuito che la sua coltivazione di fagioli coltivati fuori dal terreno, colpita dalla malattia della ruggine fungina, poteva essere completamente salvata. Questo grazie a un anello di Lakhovsky di rame posto intorno al suo contenitore dell'acqua. Il giardiniere ha raccontato che, dopo aver appreso la tecnica del circuito oscillante e desideroso di vedere i suoi fagioli prosperare, ha pensato: «Forse posso mettere un circuito intorno alla mia cisterna d'acqua per l'irrigazione dei fagioli». Qualche giorno dopo ha scoperto, con grande stupore, che tutte le nuove foglie dei suoi fagioli erano sane. Le sue piante avevano ripreso a crescere vigorosamente e la malattia era stata fermata!

Figura 190 : Spirali di Ighina rivolte verso l'alto e verso il basso.

Una creazione di Yannick per energizzare l'acqua di uno stagno o di una vasca. Un set di sei spirali Ighina fissate su di un sottopentola in sughero galleggiante.

Figure 191 e 192: La curcuma non ha germinato, finché non abbiamo aggiunto l'anello.

GLI ANELLI ACCELERANO LA GERMINAZIONE

I bulbi di curcuma di Angela sono rimasti dormienti nonostante il luogo riscaldato e l'irrigazione adeguata. È stata posizionato un anello intorno ad alcuni bulbi nel vaso e, nel giro di due settimane, sono spuntati i germogli all'interno e lungo la circonferenza dell'anello.

Figura 193 : Le spirali favoriscono la crescita della vita del laghetto.

SPIRALI DI IGHINA E CRESCITA DEI GIRINI

Un esperimento fatto precedentemente dalle figlie di Yannick e poi ripetuto da lui quando non riusciva a credere ai suoi occhi: due secchi contenenti girini e acqua dello stagno, uno contenente delle spirali e l'altro senza. I girini nel secchio con i dispositivi si sono sviluppati più velocemente di quelli non trattati, a riprova dell'efficacia delle spirali nell'aumentare l'energia vitale.

L'ENERGIA DELLA PIRAMIDE

«Se potessi dare UN solo consiglio di Elettrocoltura, suggerirei: 'Usa una piramide per energizzare i tuoi semi!'». -Yannick Van Doorne.

Contrariamente a quanto si pensa, il mondo è contornato da centinaia di piramidi, alcune delle quali si ritiene abbiano migliaia e migliaia di anni. In Occidente, le grandi piramidi dell'altopiano di Giza in Egitto sono le più conosciute, ma esistono piramidi altrettanto impressionanti in Guatemala, Messico, Ecuador, Indonesia, India, Russia, Mauritius e persino in Cina. In Francia e in Italia esistono costruzioni ancora più piccole, molto antiche e poco conosciute. Lo scopo originale di queste antiche costruzioni rimane ancora un grande mistero, ma i loro poteri stanno lentamente venendo alla luce.

Figura 194: Piramide di rame utilizzata nel giardino per energizzare ed armonizzare tutte le piante, i semi, il basalto, l'acqua e tutto ciò che andrà nell'orto.

Come hanno dimostrato dei pionieri come G. Patrick Flannagan, Les Brown, John Burke, Mary Hardy e Philip S. Callahan, l'impatto potenziale delle piramidi sulla vita agricola può essere sorprendente[15]. Una piramide è l'ideale per dare energia ai semi, alle piante, ai concimi, ai fertilizzanti, ai prodotti di trattamento e all'acqua di irrigazione. I risultati possono essere raggiunti anche con un'ora di energizzazione in una piramide, a volte in pochi secondi, ma in genere i semi o le piante vengono energizzati durante un periodo di diversi giorni.

I semi possono essere lasciati sotto una piramide da pochi secondi a diversi mesi, procurandone molti benefici: l'aumento della durata di conservazione e della vitalità dei semi, una migliore qualità della germinazione e lo sviluppo dei semi, la resistenza alle malattie e ai parassiti, la crescita (quando i semi sono stati trattati) e la capacità delle piante di adattarsi all'ambiente circostante. Si può anche mettere una piramide nell'orto direttamente sul terreno dove si semina o si pianta. In genere la vegetazione cresce molto meglio sulla superficie all'interno della base della piramide e nelle immediate vicinanze. Il vigore energetico della vita organica è rafforzato dalla forma piramidale e dalla frequenza che essa esprime.

Nelle piramidi sono stati trovati semi vecchi di migliaia di anni che sono stati fatti germogliare con successo. Il cibo conservato sotto una piramide non marcisce, ma piuttosto si disidrata. Per esempio, un pezzo di carne o un uovo fresco aperto e posto fuori dalla piramide, all'aria aperta e su di un piatto, sarà rapidamente invaso da batteri, ma in una piramide la carne o l'uovo in genere si seccheranno semplicemente, senza odori o processi di putrefazione. Il libro di Les Brown The Pyramid (1978) è intriso delle sue ampie sperimentazioni nella coltivazione di piante, nell'allevamento di pulcini e nella conservazione degli alimenti con le piramidi. I suoi esperimenti sulla disidratazione di un uovo in una piramide (e di reidratazione per poi mangiarselo a malincuore), hanno ispirato molti curiosi ad esplorare i misteri della forma piramidale. Anche l'acqua d'irrigazione trattata in una piramide ha effetti benefici sulle piante e sui germi. Si possono anche caricare ciottoli, ghiaia o sabbia e poi spargerli in tutto il giardino per trasferire l'energia della piramide alle colture.

---

[15]Flanagan, G. Patrick. Pyramid Power: The Science of the Cosmos. Earth Pulse (1975); Flanagan, G. Patrick. Beyond Pyramid Power: The Science of the Cosmos II. Create Space Independent Publisher (2017); Brown, Les. The Pyramid. Apex Publishing Company (1978); Callahan, Philip S. Ancient Mysteries, Modern Visions: The Magnetic Life of Agriculture. Acres U.S.A. (1984). Burke, John. Seed of Knowledge, Stone of Plenty: Understanding the Lost Technology of the Ancient Megalith Builders. Council Oak Books (2005); Hardy, Mary. Pyramid Energy: The Philosophy of God, The Science of Man. (1987)

Figura 195: La melanzana piantata all'angolo della piramide di rame cresce meglio di quella piantata esternamente ad esso.

Quale piramide utilizzare?

Non abbiamo ancora una risposta chiara e precisa sulle differenze di influenza nell'elettrocoltura delle piramidi egizie di Cheope e della Nubia. La piramide di Cheope di Giza è la più conosciuta ed è stata oggetto di maggiori sperimentazioni. Sebbene Yannick abbia riscontrato alcune differenze tra le due nella sua sperimentazione con le piramidi cominciata dal 2014, in entrambi i casi l'effetto della piramide aumenta la germinazione, la crescita e la salute della maggior parte delle piante.

USA IL TUO INTUITO

Da un punto di vista prettamente esperienziale, osserviamo che una piramide nubiana stimola maggiormente la parte superiore del corpo umano; rispetto ad una piramide di Cheope che sembra attivare in modo prevalente la parte inferiore del corpo (il radicamento). Ciò implica che la piramide nubiana tenda ad avere una preponderanza per la connessione col cosmo mentre la piramide di Cheope si relaziona di più alle energie telluriche. La piramide di Cheope sembra avere un effetto più locale, essendo limitata alla sua superficie ed al suo perimetro. L'energia di una piramide è più concentrata alle sue estremità e alla punta. Nonostante questo, l'energia si diffonde ovunque all'interno. Nel caso di una piramide di Cheope, notiamo una forte energia all'interno a circa un terzo della sua altezza. C'è anche una colonna di energia abbastanza forte sopra la punta apicale della piramide che si estende verso il cielo.

Figura 196: Piramidi egizie di Cheope e nubiane realizzate da Yannick Van Doorne.

A livello pratico, la base della piramide di Cheope richiede molto più spazio, ma è una costruzione più bassa rispetto a quella nubiana. Quest'ultima richiede soffitti più alti per l'uso interno ed ha il vantaggio di occupare meno spazio a terra. Nel caso di un agricoltore che desiderasse dare energia a grandi quantità di sementi, la piramide di Cheope si adatterebbe alle sue esigenze grazie alla maggior superfice disponibile alla base.

Le piramidi sono interattive

È stato osservato che più c'è attività elettrica nell'aria, più la piramide è attiva e maggiori sono i suoi effetti positivi sulla germinazione dei semi. Le attività elettriche e magnetiche sono influenzate dal vento, dalla luce del giorno, dall'attività solare, dalle macchie e dalle esplosioni solari, dalla posizione della luna e dei pianeti. Per esempio, durante un periodo di calma dell'attività solare, l'influenza della piramide è minore rispetto a un periodo caratterizzato da tempeste solari.

Secondo Yannick, il momento migliore per energizzare i suoi semi sotto la piramide è durante una forte attività solare e/o una forte attività temporalesca locale. In entrambi i casi, gli effetti della piramide sono notevolmente amplificati. In caso di tempo mite, Yannick raccomanda di energizzare i semi sotto la piramide per almeno diversi giorni. In caso di forte attività solare tuttavia, una sola ora di trattamento può dare effetti significativi. Esistono applicazioni che possono avvisare dell'attività solare, come «solar monitor» o «spaceweather», proprio come esistono applicazioni per seguire il meteo. Se si utilizza il calendario biodinamico o lunare come guida per coltivare, si sconsiglia di utilizzare la piramide nei giorni di non lavoro o addirittura nelle ore in cui il lavoro agricolo è sconsigliato, in quanto dannose per le piante, come nel caso dei nodi lunari, per evitare di amplificarne gli effetti nocivi.

INNOVAZIONE: un'influenza inaspettata

Uno studio dell'Istituto Nazionale di Fisica dell'Accademia delle Scienze dell'Ucraina dimostra che le lame di rasoio e i coltelli posizionati orizzontalmente in una piramide e disposti in direzione nord-sud o est-ovest rimangono affilati più a lungo e sembrano addirittura diventare più affilati dopo il trattamento. È un fenomeno noto e misurato. Esiste persino un brevetto riguardante questa applicazione[16].

Yannick conosce un contadino in Francia che utilizza una piramide per affilare la sua lametta da barba da più di 20 anni ininterrottamente senza mai averla cambiata. Sembra straordinario come la sua lametta sia ancora affilata e funzioni bene. L'influenza delle piramidi non è affatto una questione di fede. Tuttavia, la nostra convinzione e la nostra energia possono amplificare notevolmente gli effetti di una piramide o di qualsiasi applicazione di elettrocoltura. Se, ad esempio, metterete nello svolgere il vostro lavoro la vostra energia e le vostra fede, preghiere, intenzioni e desideri, potrete moltiplicarne gli effetti. Al contrario, un pregiudizio può ridurre drasticamente gli effetti o annullare completamente i risultati positivi che si potrebbero ottenere. Yannick ha potuto verificarlo attraverso delle misurazioni energetiche con dispositivi elettronici come il sistema di visione energetica «Nev» avente come inventore Harry Oldfield[17].

---

[16] *Krasnoholovets, Volodymyr et al. "Real inertons against hypothetical gravitons. Experimental proof of the existence of inertons.» Cornell University arXiv Archive, (2000). https://www.researchgate.net/publication/2184666_Real_inertons_against_hypothetical_gravitons_Experimental_proof_of_the_existence_of_inertons [website accessed April 2023].*

[17]*Figura 198: foto a sinistra senza piramide; foto a destra con piramide. La foto di sinistra mostra il campo energetico naturale dello spazio e degli oggetti. La foto di destra mostra Van Doorne e una piramide di gesso, da lui realizzata. La foto di sinistra rivela un campo energetico sopra e intorno alla piramide. Le linee verticali sul bordo inferiore destro delineano gli strati del corpo energetico di Yannick. Le misurazioni effettuate con l'invenzione Nev di Oldfield mostrano che la piramide aumenta l'energia luminosa intorno ad essa. Il dispositivo «NEV» o «New Energy Vision» è composto da un computer, dal software applicativo NEV e da una fotocamera. Il NEV analizza la luce nei suoi sottili cambiamenti, invisibili a occhio nudo ma visibili con l'alta risoluzione di questo software. Yannick Van Doorne ha incontrato per la prima volta Harry Oldfield al festival Eternal Knowledge in Inghilterra nel 2012. È stata una vera e propria rivelazione; Yannick considera le scoperte e le invenzioni di Oldfield in anticipo di decenni sui tempi. Le invenzioni di Oldfield sulle tecniche di misurazione elettronica permettono di evidenziare diversi fenomeni dell'ordine delle energie sottili che prima erano osservabili solo da persone con straordinarie capacità extrasensoriali. Ciò che allora era spesso soggetto a interpretazioni personali a seconda della storia e della soggettività di ciascun essere, ora è visibile a tutti. Questi dispositivi elettronici di misurazione extrasensibili permettono di eliminare molti dubbi sulle nostre sensazioni, confermandole o meno.*

Figura 197: Osservazioni di una piramide di gesso attraverso un dispositivo di filtraggio «Nev», sviluppato da Harry Oldfield.

Figura 198: Yannick solleva una piramide. Si noti che il campo energetico della piramide non solo si emana intorno alla piramide, ma si estende anche verso di lui. Sia Yannick che Harry Oldfield hanno potuto testimoniare che il tenere una piramide in mano può energizzare tutto il corpo.

Figura 199: Piramidi di gesso che si asciugano su di uno scaffale, pronte per essere inviate in tutto il mondo per dare energia e portare una maggiore armonia.

COME SI FA: costruire e orientare la piramide

Questa tecnica è per i più manualmente dotati tra noi (e l'abilità nella fabbricazione è fondamentale), ma sarebbe inopportuno tralasciare che nel suo libro del 1978, Les Brown ha fornito istruzioni complete sulla costruzione di una piramide in legno combinato con il rame, con cui ha ottenuto risultati stellari. Per le piramidi più grandi utilizzava il legno per costruire la struttura avente funzione di sostenere il filo di rame oppure usava i tubi lungo i bordi ed i lati della struttura al fine di condurre e ricevere l'energia come un'antenna. Questo potrebbe essere un più semplice punto di partenza per coloro che non sono pronti ad effettuare la brasatura o la saldatura.

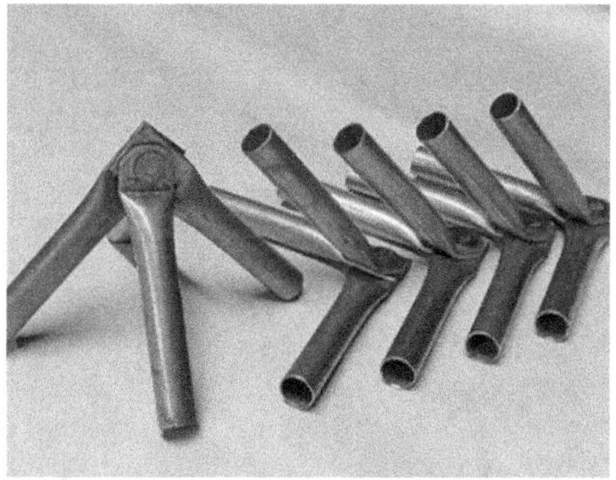

Figura 200 : I connettori delle aste assicurano una corretta angolazione.

Figura 201 : I connettori dell'asta assicurano la correttezza degli angoli.

Figura 202 : Piramide di Cheope assemblata.

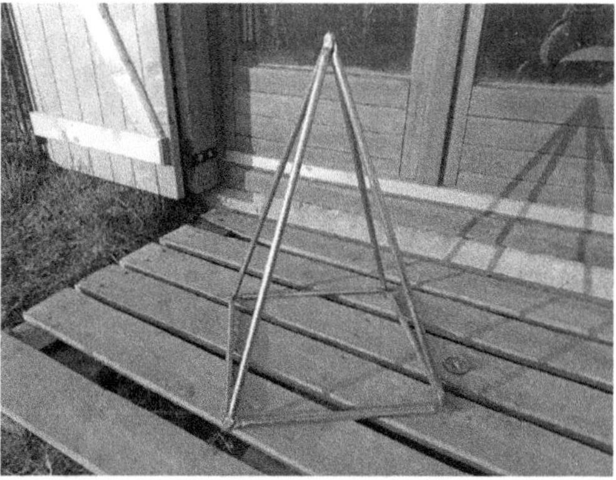

Figura 203: Piramide nubiana assemblata.

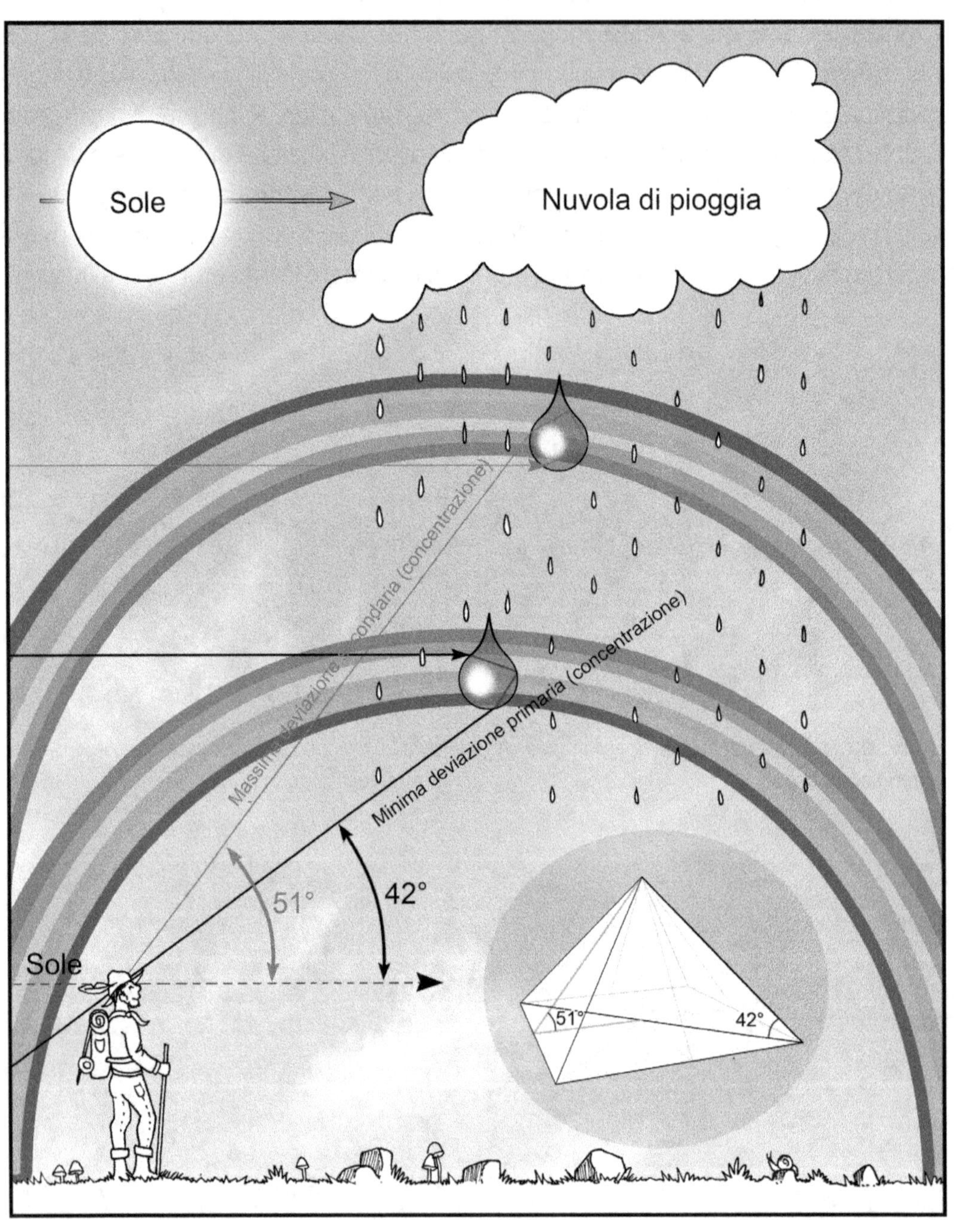

Figura 204: Angoli della piramide e rifrazione.

Gli angoli di 42° e 51°51′ gradi delle piramidi non sono una coincidenza. Troviamo questi angoli sacri in natura, ad esempio nella formazione degli arcobaleni. Nel caso del primo si tratta dell'angolo tra il raggio solare orizzontale che raggiunge la goccia d'acqua e il raggio riflesso che dalla goccia d'acqua raggiunge i nostri occhi. Nella piramide di Cheope questo angolo è diretto verso la terra. Nella piramide nubiana l'angolo è situato invece nella parte superiore della piramide ed è diretto verso il cosmo. Questo è interessante perché Yannick ha osservato che la piramide nubiana agisce più per amplificare le energie cosmiche e la piramide di Cheope lavora più sulle energie terrestri. Sebbene ciascuna piramide possa concentrare le proprie energie in modi diversi, entrambe le piramidi coinvolgono le energie terrestri e cosmiche, amplificandole e armonizzandole.

Scegliere con cura il materiale

I materiali di costruzione delle piramidi possono essere vari. Possono essere di legno, metallo, rame, gesso, pietra colata, cemento, plastica o resina. A volte la piramide può essere creata in semplice carta o cartone. In tutti i materiali sono stati notati effetti sorprendenti, tuttavia, a seconda del materiale utilizzato, alcuni effetti sembrano essere molto più marcati di altri. È altamente sconsigliato utilizzare materiali diversi nella stessa piramide, come ad esempio una miscela di tubo di rame e tubo di alluminio per formare una piramide. Questo sembra creare delle interferenze negative. I test sulle piantine e sulla germinazione dei semi hanno infatti dato risultati negativi. Per esempio, dagli esperimenti risulta che le strutture piramidali realizzate completamente in rame danno risultati migliori sulle piante e sulle applicazioni agricole e orticole rispetto ad altri materiali come il ferro o il legno. Il rame aiuta la creazione di piramidi ultra potenti per piante e semi. Les Brown conferma che le piramidi di rame sono molto più potenti sulle piante di qualsiasi altro materiale. Charles Hubbard, un agricoltore della Nuova Scozia, ha lavorato principalmente con piramidi di rame nel corso di oltre 20 anni con risultati sorprendenti. Ecco perché anche Yannick lavora principalmente con il rame quando realizza le piramidi.

Nel frattempo, uno studio scientifico texano del 2017 condotto da Lauren Motloch ha dimostrato che le piramidi di rame danno risultati migliori rispetto ad altri materiali come l'acciaio, il legno o il cartone[18]. Nella sua tesi, la ricercatrice ha concluso: «Le piramidi di rame hanno dato risultati migliori rispetto a quelle di legno nell'esame relativo alla crescita delle piantine. Le piramidi di rame, abbinate a periodi di incubazione più lunghi, hanno fatto registrare l'aumento più elevato del peso dei semi».

Calcolare le lunghezze

Le misure della piramide di Cheope :

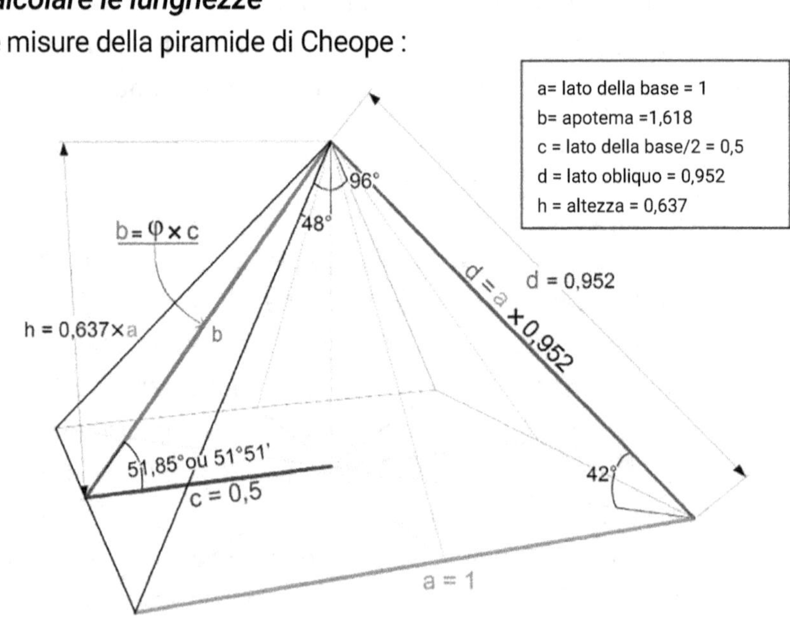

Figura 205 : *Dimensioni della piramide di Cheope.*

Ci sono delle regole semplici da seguire per essere precisi nella costruzione di una piramide. Basta seguire le proporzioni per rendere gli angoli corretti. Se la misura del lato base è (ad esempio) 1 metro o 100 centimetri, la lunghezza del lato obliquo che sale sarà pari al lato di base moltiplicato per 0,9522, ovvero 95,22 centimetri. Che si tratti di una piramide piccola o grande, i calcoli sono sempre gli stessi. Yannick ci offre una tabella con delle misure già precalcolate se volete verificare i vostri calcoli.

---

[18] Motloch, Lauren N. «Effects of Pre-Semina Incubation within a Pyramid on Germination and Seedling Growth of Pha- seolus vulgaris L.», MASTER OF SCIENCE (Agricultural and Consumer Resources), agosto 2017, pag. 7. https://www. proquest.com/ openview/f816c8411bbc7a4afd4f06feff0f76e4/1?pq-origsite=gscholar&cbl=18750 [sito web consultato a ottobre 2023].

Piramide di Cheope	Proporzione: Lato base / lato obliquo	Proporzione: Altezza / Lato base
Angolo della piramide 51gradi 51' o in decimali 51,85 gradi (tra base e faccia laterale)		
in cm	0,9522	0,6377
Lato base, da angolo ad angolo	Lato obliquo dalla punta all'angolo alla base	Altezza totale
30,00	28,57	19,13
50,00	47,61	31,89
100,00	95,22	63,77
112,00	106,65	71,42
200,00	190,44	127,54
212,00	201,87	135,19
250,00	238,05	
262,00	249,48	167,08
300,00	285,66	191,31
312,00	297,09	198,96
400,00	380,88	255,08
412,00	392,31	262,73
500,00	476,10	318,85
512,00	487,53	326,50
313,63	298,64	**200,00**
392,03	373,29	**250,00**
470,44	447,95	**300,00**
627,25	597,27	**400,00**
784,07	746,59	**500,00**

Figura 206 : *Tabella per misurare le diverse lunghezze dei tubi da tagliare a seconda delle dimensioni finali desiderate della piramide di Cheope.*

Per la piramide nubiana, l'approccio è lo stesso, ma questa volta moltiplicheremo la base desiderata per 1,618 (il Rapporto Aureo). Sarà necessario rispettare le proporzioni per un migliore funzionamento della piramide. È come un'antenna. Se si vuole che funzioni bene, deve essere ben fatta e ben sintonizzata.

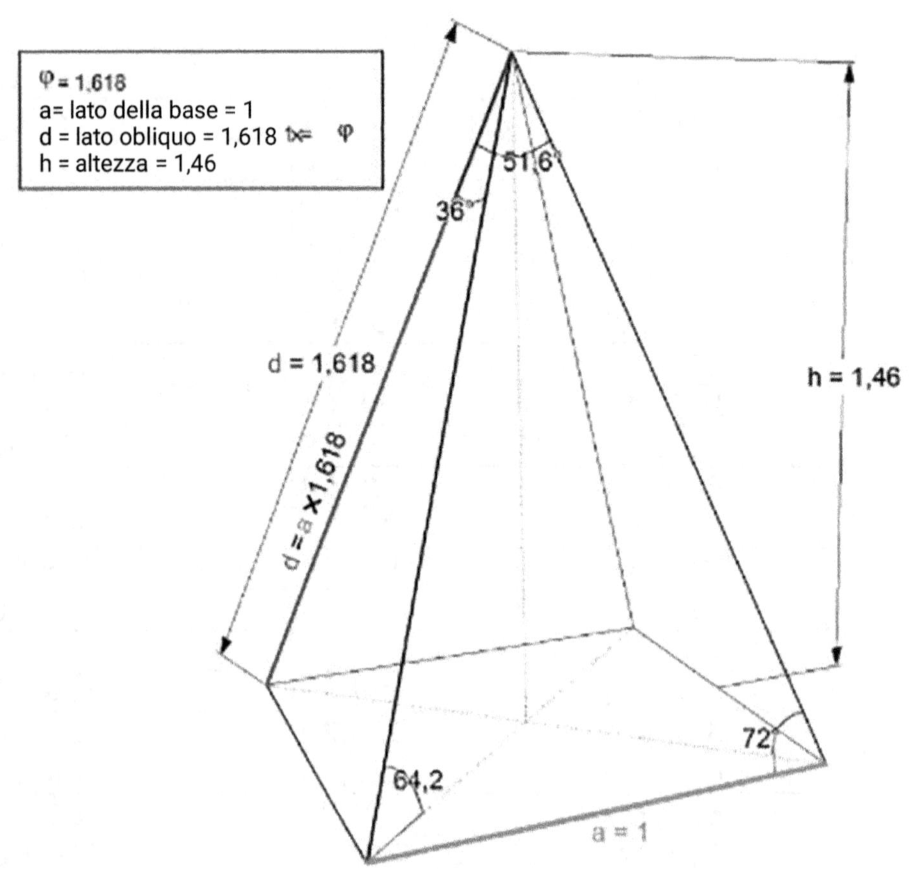

Figura 207 : Dimensioni della piramide nubiana o piramide a rapporto aureo.

186

Piramide in rapporto aureo o Nubiana	Proporzione: Lato base / lato obliquo	Proporzione: Altezza / Lato base
Angolo di punta tra i due lati opposti della piramide 51,6 gradi decimali e lato obliquo/lato base = numero aureo, ovvero 1,618		
in cm	1,618	1,47
Lato base, da angolo ad angolo	Lato obliquo dalla punta all'angolo alla base	Altezza totale
30,00	48,54	44,10
50,00	80,90	73,50
100,00	161,80	147,00
112,00	181,22	164,64
200,00	323,60	294,00
212,00	343,02	311,64
250,00	404,50	367,50
262,00	423,92	385,14
300,00	485,40	441,00
312,00	504,82	458,64
136,05	220,14	**200,00**
170,07	275,17	**250,00**
204,08	330,20	**300,00**
272,11	440,27	**400,00**
340,14	550,34	**500,00**

Figura 208 : *Tabella per misurare le diverse lunghezze dei tubi da tagliare a seconda delle dimensioni finali desiderate di una piramide di tipo nubiano.*

Kit di montaggio della piramide

Yannick ha sviluppato dei «kit per piramidi» per facilitare la costruzione di grandi piramidi di rame. Nel suo negozio si possono trovare connettori angolari prefabbricati proposti in set che facilitano l'assemblaggio di una grande piramide di rame. I tubi di rame della lunghezza desiderata possono essere acquistati nei comuni negozi di ferramenta per il fai-da-te o nei negozi di idraulica. Con ciò potrete assemblare la vostra piramide.

Figura 209 : *Piramide di Cheope assemblata.*

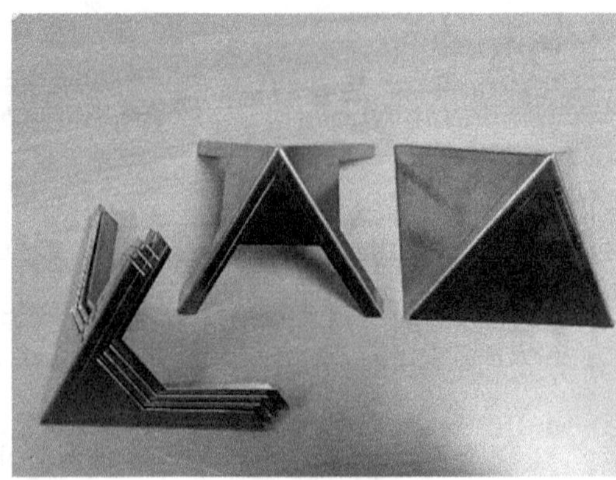

Figura 210 : *Van Doorne ha sviluppato il « Kit Piramide» per consentire a chi è interessato di costruire facilmente grandi piramidi di rame.*

Per assemblare una piramide di grandi dimensioni con i connettori sono raccomandate almeno due persone. Questo facilita l'assemblaggio ed evita qualsiasi incidente, impaccio, rottura o forzatura. Essendo il rame un metallo abbastanza malleabile, ciò che permette di completare l'assemblaggio finale senza forzare troppo i manicotti per arrivare facilmente a completare la costruzione nel modo desiderato.

Figura 211 : *I connettori delle aste assicurano gli angoli corretti.*

Quando un tubo risulta difficile da inserire in un manicotto, verificate che la punta sia pulita passandoci sopra un panno o aiutandovi con un po' di lana o carta vetrata. Se l'estremità femmina non fosse abbastanza larga, sarà possibile allargarla leggermente passando al suo interno un oggetto metallico rotondo come l'estremità di una pinza elettrica, ad esempio. Va ricordato inoltre che il rame è un metallo molto sensibile alla temperatura e quindi malleabile.

Rallentare l'ossidazione

Il rame tende ad ossidarsi rapidamente. In questo caso diventa nero e, con il tempo, in un ambiente umido, crea una patina di verderame. Il verderame è estremamente tossico. È possibile rallentare o evitare l'ossidazione oliando i tubi e i manicotti o applicando loro una vernice. Si può usare ad esempio dell'olio di lino, un prodotto naturale facilmente reperibile. Una volta asciutto, questo crea una pellicola protettiva resistente agli agenti atmosferici. L'ossidazione avviene più rapidamente in un ambiente umido che in un ambiente secco, ma tuttavia non inficia l'efficacia della piramide. Se si desidera rimuovere l'ossido dai tubi, è possibile utilizzare un comune prodotto per la pulizia. Si può anche usare carta vetrata fine o della lana d'acciaio fine da strofinare sui tubi. Evitate di respirare la polvere di rame ossidata (o di spargerla in giardino) durante la pulizia. Queste polveri possono essere molto irritanti per gli occhi e per i polmoni.

Non dimenticare la base della piramide

Alcuni commettono l'errore di non collegare tra loro gli angoli inferiori. Una piramide senza gli angoli collegati non ha quasi alcun effetto o addirittura ha degli effetti negativi perché disturba il campo energetico.

Suggerimento per il fai-da-te

Se non avete un kit e volete realizzare una piramide nel modo più semplice possibile, potrete (ad esempio) appiattire le estremità dei tubi, praticare un foro nelle estremità appiattite e fissare i tubi tra loro agli angoli con un bullone e un dado. Anche questo funziona bene. Tuttavia, l'angolo sarà meno bello e meno preciso. Più l'angolo è netto, meglio funzionerà la piramide. È importante che gli angoli siano tutti collegati e che si mantenga la continuità dell'energia del rame per l'intera struttura.

Una saldatura realizzata con un materiale diverso creerà una discontinuità energetica e una funzionalità disturbata. È quindi importante prestare molta attenzione agli angoli. Yannick ha fatto dei test per verificare questo aspetto: ha costruito una piramide con un mix di tubi di alluminio e rame, vi ha messo sotto delle patate e ha misurato circa il 30% in meno di capacità di crescita. Pertanto, per ottenere dei buoni effetti con una piramide è importante rispettare i materiali ed utilizzare lo stesso metallo per l'intera piramide, compresi gli angoli e le saldature.

CINQUANTUNO GRADI

Nella piramide di Cheope, troviamo l'angolo di 51° nell'angolo tra la faccia della piramide che sale e la superficie della base. L'angolo stesso della cresta che sale verso la base non è di 51° ma di 42°, come si vede nei disegni di questo manuale. L'angolo in testa tra i due spigoli opposti è di 96°. Nella piramide nubiana ritroviamo l'angolo di 51° ma questa volta tra i due spigoli opposti a livello della sommità.

ORIENTAMENTO ED APPLICAZIONE

La corretta installazione, seguendo delle regole basiche, è importante per la massima efficienza di una piramide. La prima regola in assoluto da seguire è quella che vedremo ora: l'orientamento corretto della bussola nord-sud è il più importante. Il punto focale consiste nel disporre la piramide seguendo le quattro direzioni cardinali, est-ovest-nord-sud. Per semplificare l'operazione, orientate un lato della base parallelamente all'asse dell'ago della bussola mentre questo è orientato verso nord. In questo modo la piramide non sarà inclinata nel senso sbagliato e sarà orientata rispetto al campo magnetico naturale della Terra.

Figura 212 : *Dimostrazione dell'allineamento. Il lato nord della piramide è perpendicolare alla direzione nord-sud.*

Mantenere il livello della piramide

In caso di posizionamento della piramide in una zona pendente del terreno si potrà, ad esempio, utilizzare delle pietre o del legno per sollevare un lato e posare la piramide in orizzontale e in bolla. Bisogna evitare di creare un «cortocircuito» con oggetti metallici lungo i bordi o i lati della base: limitarsi ad utilizzare legno o pietra.

Interazione con strutture più grandi

Una volta eretta la piramide, si potranno collocare all'interno o all'esterno strutture in legno o fatte in altri materiali senza che la sua efficacia venga compromessa. Ad esempio, si potrebbe installare una serra all'interno della piramide. La struttura stessa della piramide potrebbe essere utilizzata anche come struttura alla quale adattare la copertura in plastica della serra, che è isolante.

Aggiungere sabbia di quarzo / roccia alle piramidi

È possibile riempire i tubi di rame con diverse farine o sabbie rocciose. Ad esempio, sabbia di quarzo, granito ricco di cristalli o basalto ricco di silicio. A seconda dei casi, questo potrebbe amplificarne ulteriormente gli effetti. Si può anche rafforzare la struttura e aumentare l'effetto della piramide introducendo all'interno dei tubi delle aste di legno di faggio. Questi rinforzano la struttura e permettono di realizzare piramidi più grandi senza che i tubi si pieghino sotto il proprio peso. Si è notato che l'effetto energetico di una piramide di rame è potenziato dal legno di faggio, questo però non vale per tutti i tipi di legno.

TESTIMONIANZE

Figura 213 : Energizzazione dei semi in una piramide prima della semina.

Figura 214 : Test di germinazione. Il seme caricato è quello a destra.

SEMI ENERGIZZATI SOTTO UNA PIRAMIDE

Nel 2017, l'agricoltore Thierry C. vicino a Tolosa ha utilizzato una Piramide all'interno di un capannone agricolo per energizzare un mucchio di semi di grano. Un test di germinazione tra semi energizzati e semi di grano di controllo ha dimostrato che i semi energizzati erano i più vigorosi.

Figura 215 : *Gli agricoltori usano piramidi di rame per energizzare i semi poche ore o giorni prima della semina.*

Figura 216 : *La serra a forma di piramide dell'agricoltore Charles Hubbard.*

LE PATATE SOTTO PIRAMIDE DI CHARLES HUBBARD

Il defunto Charles Hubbard coltivava raccolti eccezionali di 40-80 patate per pianta al di sotto della sua piramide in Nuova Scozia, Canada. Ha contato 80 patate nate da singole piante situate agli angoli della sua piramide e 40 patate sviluppatesi da piante situate lungo i lati. Nel 2011 ha raggiunto l'impresa di 137 patate su di una sola pianta, impresa filmata in diretta durante il raccolto[19]. Hubbard insisteva sul fatto che la piramide fosse realizzata interamente in rame, compresi gli angoli. Nella foto, gli angoli sono color argento per effetto di una vernice protettiva, ma in realtà sono realizzati completamente in rame. I kit di piramidi che Yannick propone si basano sui modelli di piramidi di rame e sulle ricerche effettuate da Les Brown e da Charles Hubbard.

---

[19] *Hubbard, Charles et al. Sacred Stewardship: Food Security and Food Quality. Auto-pubblicato, Novembre 2007. http:// www.sacredstewardship.net [sito web consultato nell'aprile 2023].*

Figura 217 : *Le piante prosperano sotto di una piramide nel giardino di Hubbard. Questa piramide è stata costruita in legno e dotata di un filo di rame che collega tutte le parti della piramide, compresa la base.*

Figura 218 : *Piramide collocata sopra i bancali dell'orto di Charles Hubbard. La costruzione è formata da un telaio di legno e dal classico filo di rame che corre lungo tutti i lati e i bordi. È un modo economico per costruire una piramide funzionante e per mantenere degli angoli corretti.*

Figura 219 : *Yannick in un campo di grano in Bretagna, vicino a Rennes. I semi sono stati energizzati sotto di una piramide. Anno 2013.*

AUMENTO DELLA RESA DEL MAIS

Mancavano pochi giorni alla data prevista per la semina quando un agricoltore ha contattato Yannick per chiedere aiuto. Con la sua guida, Laurence installò la sua prima piramide ed energizzò i semi di mais per due giorni. Qualche mese dopo, i risultati furono sorprendenti. Non avevano mai avuto un raccolto così buono rispetto ai 10 anni precedenti.

L'anno successivo energizzò i suoi semi per la durata di un intero ciclo lunare.
Poi, ogni giorno durante la stagione di crescita, visualizzava una piramide sul campo, formulando dei bei pensieri sulla crescita e sulla salute del mais. Il raccolto di mais è più che raddoppiato quell'anno. Durante una visita al campo, con un gruppo di tirocinanti, Yannick osservò tre o quattro pannocchie per pianta. Il campo aveva un sano profumo di mais come mai l'avevano sentito prima d'ora ed aveva un colore verde brillante e vivo incomparabile con i campi di mais dei vicini, trattati in modo convenzionale.

Figura 220 : Le piante sotto le piramidi sono generalmente meno soggette agli attacchi delle lumache e diventano più grandi e resistenti. Confronto tra piante di zucca. Questa pianta non è in una piramide.

Figura 221 : Confronto tra le piante di zucca. Queste piante stanno crescendo dentro ad una piramide. Sono più grandi e più vigorose rispetto alla pianta di controllo.

PIRAMIDI CHE AIUTANO A RESISTERE ALL'ATTACCO DEI PARASSITI

Le piante di zucca coperte da una piramide hanno resistito in modo migliore alla pressione dei parassiti rispetto alle piante senza piramide. Le piante sotto la piramide sono cresciute più vigorose e più grandi. Yannick interpreta questo dato dando questa spiegazione: è noto che i parassiti tendono ad attaccare le piante più deboli piuttosto che quelle sane. Le piante energizzate sotto una piramide aumentano la loro vitalità. Questo le rende meno attraenti ai parassiti come le lumache, gli afidi e i moscerini. È stato interessante notare che una piramide posta sulle piantine ha attirato più api. Le api sono arrivate in numero maggiore sotto la piramide e all'interno tra i suoi angoli. Le api, a differenza dei parassiti, sono un segno di salute, non di malattia o debolezza. Un fiore di una pianta malata probabilmente attirerà meno api di una pianta piena di salute e vitale.

Figura 222 : *Radicazione di piante nella piramide di Raphael D., Alsazia (2020).*

PIANTINE ENERGIZZATE

Raphael aveva decine di piante di zucca di diverso tipo disposte dentro vasche per l'irrigazione. Durante un sopralluogo, Yannick ha osservato che tutte le piante sotto la piramide avevano radici che si estendevano ben oltre i fori sul fondo dei vasi, rispetto ai vasi di controllo di zucca situati all'esterno della piramide. Questi ultimi non avevano quasi delle radici osservabili.

Figura 223 : Confronto tra le radici delle piante che si sono sviluppate meglio sotto l'influenza della piramide (Figura 225) rispetto a quelli poste all'esterno della piramide (Figura 226).

Figura 224 : Confronto tra le radici delle piante che si sono sviluppate meglio sotto l'influsso della piramide (Figura225) rispetto a quelle poste all'esterno della piramide (Figura 226).

Figura 225 : È divertente vedere che anche la pecora di Yannick ama andare sotto la piramide quando scappa dal suo recinto.

GLI ESPERIMENTI PIRAMIDALI DI LES BROWN

Per una grande lettura sulle piramidi, sui loro usi e sui loro poteri, leggete The Pyramid, di Les Brown. Il libro raccoglie le testimonianze di Brown sui suoi esperimenti con le piramidi usate per la coltivazione di piante, per la disidratazione del cibo, per la guarigione dal dolore, per l'energizzazione dell'acqua e per altro ancora.

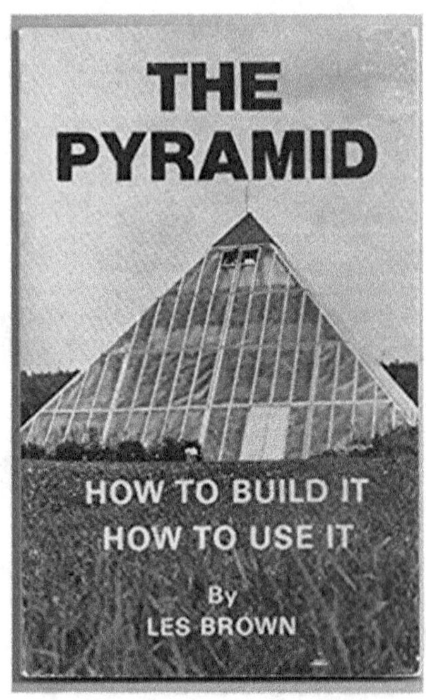

Figura 226: Les Brown, The Pyramid, 1978.

ENERGIZZARE L'ACQUA

Come tutte le altre tecniche di elettrocoltura passiva, l'energizzazione dell'acqua ha come funzione quella di catturare le energie sottili e della creazione di una situazione in cui l'acqua possa entrare in contatto prolungato con queste energie sottili. Il lavoro di Viktor Schauberger, basato sulla biomimesi, è stato fondamentale per aiutarci a comprendere la natura dell'acqua e il modo in cui questa cattura l'energia attraverso i vortici. L'acqua «memorizza» o «assume» le energie sottili e diventa «viva» quando passa attraverso i vortici. Se avete dubbi sull'influenza delle energie sottili sull'acqua, vi basterà bere dell'acqua energizzata rispetto a quella di rubinetto e noterete da soli che l'acqua energizzata acquisisce qualità che la rendono liscia, viscosa o delicata.

Yannick ha un'esperienza pluriennale nel campo dell'energizzazione dell'acqua. Tra il 2001 e il 2007 ha sviluppato un dispositivo elettromagnetico per il trattamento dell'acqua di irrigazione che migliora le caratteristiche bioelettroniche dell'acqua. Questo dispositivo è stato distribuito dalla sua prima società «Ecosonic Sarl» in Francia, Belgio e Svizzera. Tuttavia, l'energizzazione dell'acqua può essere ottenuta anche senza tecniche di elettrocoltura a corrente continua e può essere altrettanto efficace.

COME SI FA: Il vortice

Quando l'acqua entra nelle nostre case attraverso delle tubature diritte, non attua il moto vorticoso e serpeggiante che avrebbe nel corso di un ruscello o di un fiume. Così l'acqua ci arriva stagnante e priva di una struttura vitale, portando con sé le energie nocive legate al suo percorso improprio[20].

Il trattamento dell'acqua tramite vortici contribuisce a creare un ambiente più antiossidante e ricco di elettroni che stimola le forze vitali che influenzano la salute. Attraverso dei tubi di rame a spirale, bacini d'acqua vitali o imbuti, l'acqua può essere rivitalizzata e rienergizzata.

---

[20] *Shauberger, Victor. Nature as Teacher: New Principles in the Working of Nature. Translated and edited by Callum Coats. Gill Books, 2000; Bartholomew, Alick. Hidden Nature: The Startling Insights of Viktor Schauberger. Floris Books, Gennaio 2004.*

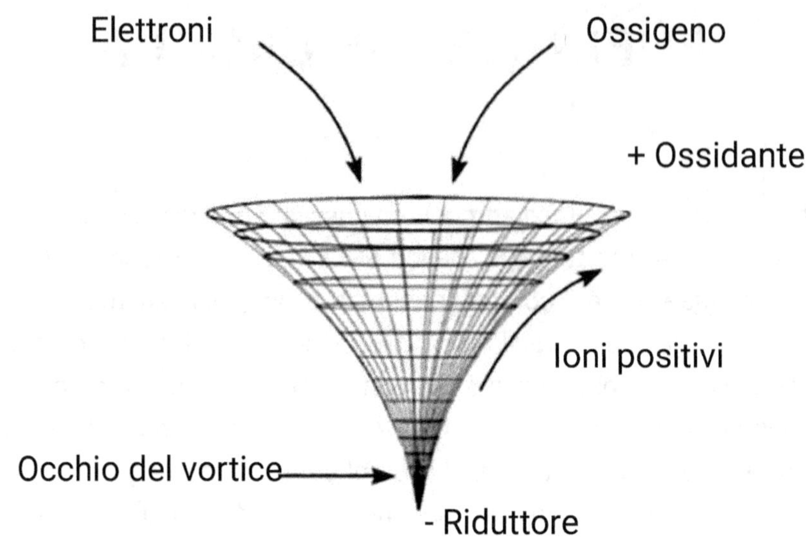

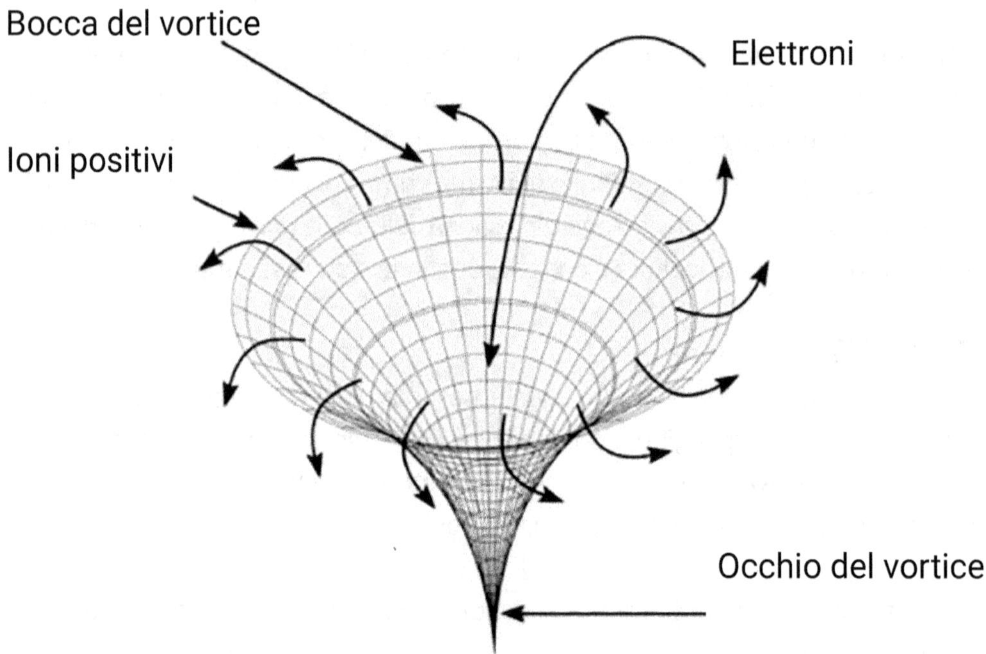

Figura 227 : *L'imbuto del vortice. Schema per spiegare la distribuzione delle cariche elettriche in un vortice e come questo contribuisca ad attrarre più elettroni ed ossigeno nel vortice.*

Le osservazioni di Schauberger hanno ispirato molte invenzioni, come l'imbuto a forma di vortice, qui raffigurato. Si tratta di un'idea facile da realizzare che serve a dare energia all'acqua prima di utilizzarla.

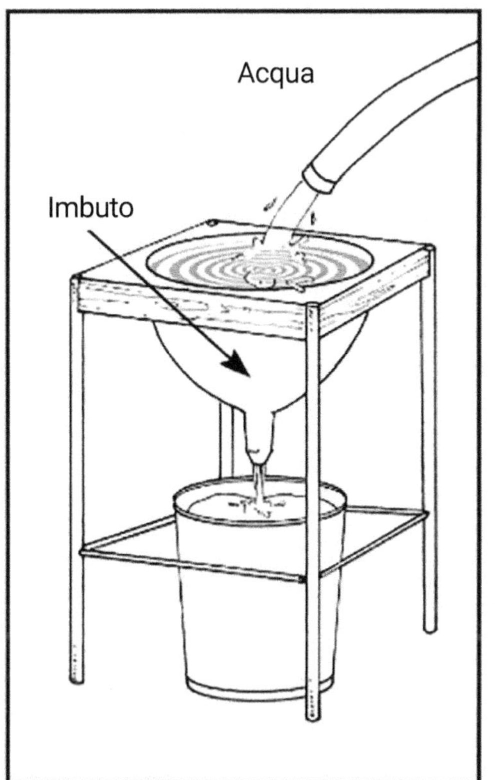

Figura 228 : Effetto imbuto.

L'imbuto di rame

Un imbuto di rame sospeso sopra un recipiente è un modo semplice per dare energia all'acqua. Quando l'acqua passa attraverso l'imbuto, circola in un vortice, acquisendo energia e struttura.

I bacini d'acqua vitale

In un ruscello il flusso energizzante dell'acqua avviene naturalmente. L'acqua passa attraverso diversi bacini e vortica seguendo uno schema a forma di otto, energizzandosi, ossigenandosi e strutturandosi. L'acqua nel suo scorrere passa anche attraverso molti vortici, sotto forma di piccoli gorghi, gli stessi che tutti possiamo osservare quando guardiamo l'acqua scorrere in un ruscello.

Figura 229 : Bacino vitalizzante.

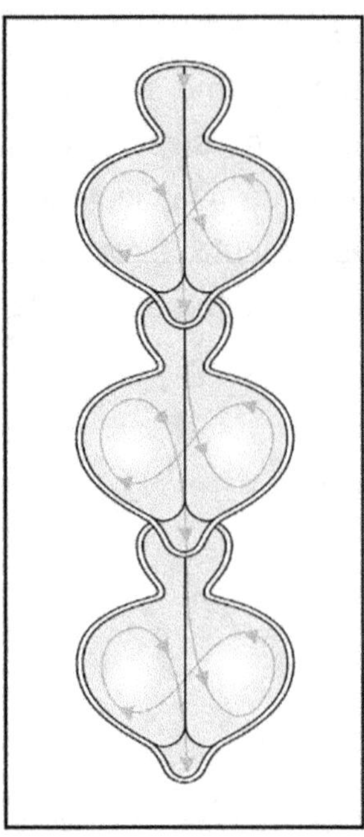

Tubi vortice

Anche i tubi possono essere modificati per energizzare l'acqua, con forme che conducano l'acqua fomando dei vortici. Attaccare un tubo di questo tipo all'estremità di un tubo da giardino potrebbe essere una soluzione efficace per energizzare l'acqua. Di seguito sono riportate tre possibilità di progettazione.

Figura 230 : Una dimostrazione di come il flusso assume la forma di otto.

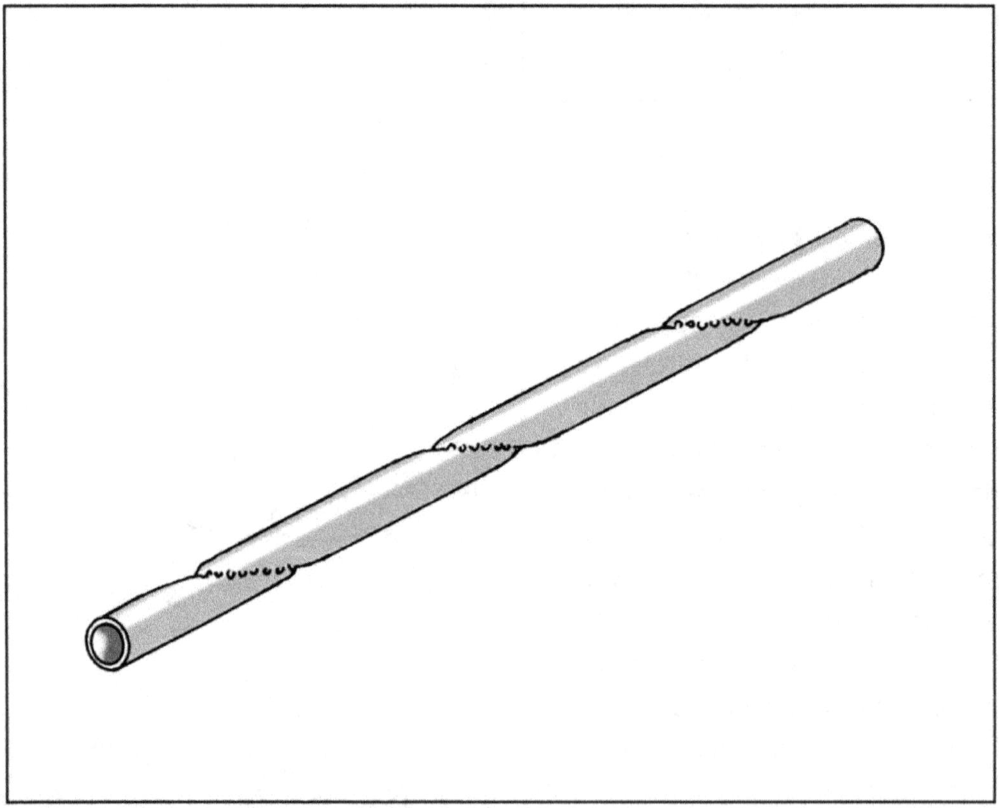

Figura 231 : Un vortice in un tubo, creato incidendo un motivo a spirale nel tubo stesso, in modo che l'acqua si muova a spirale al suo passaggio.

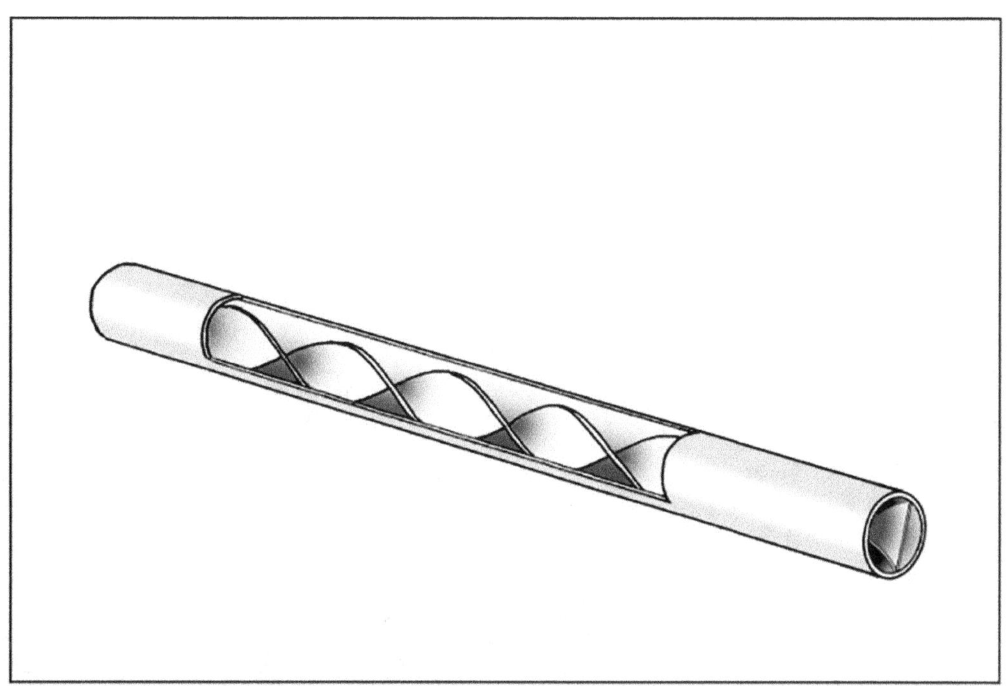

Figura 232 : *Vortice in un tubo creato con una lamina di rame attorcigliata sul lato interno del tubo. Durante il passaggio si crea quindi un vortice all'interno del tubo che fa circolare l'acqua in un percorso a spirale.*

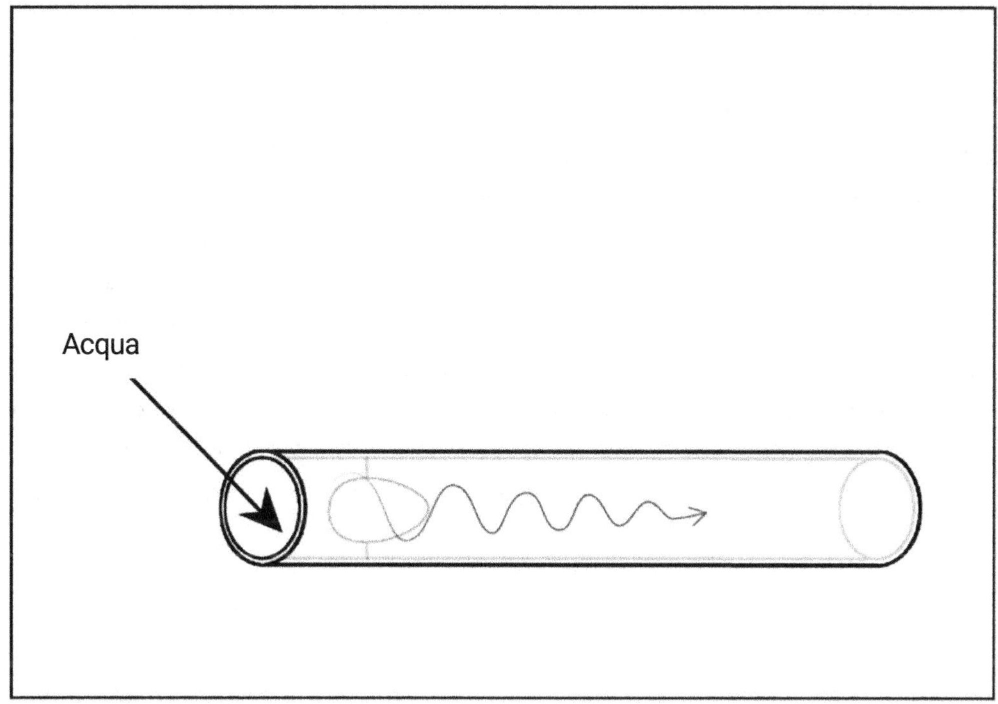

Figura 233 : *Vortice in un tubo che si forma quando si sospende un pezzo a forma di uovo all'ingresso del tubo. La forma naturale dell'uovo spinge l'acqua a formare una spirale mentre passa sopra ed intorno ad esso.*

ALTRE MODALITÀ: Combinazione di varie tecniche di elettrocultura

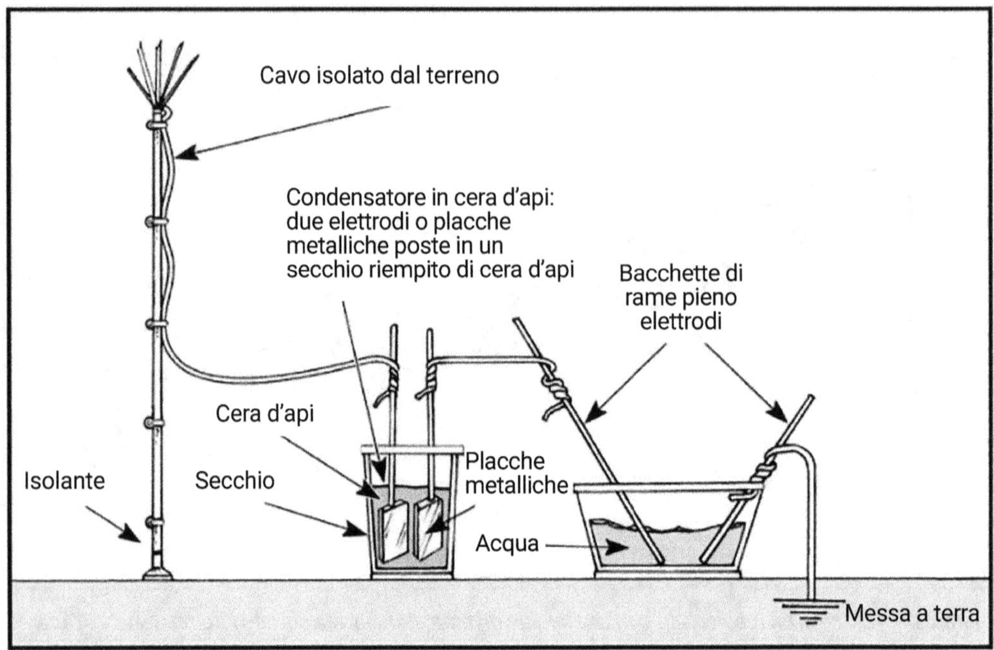

Figura 234 : *Combinazione di tecniche.*

Anche le tecniche di elettrocoltura possono essere combinate tra loro per energizzare l'acqua. Un'antenna atmosferica può essere modificata per convogliare l'energia atmosferica attraverso un filo di rame in un «condensatore di cera d'api». Un
condensatore di cera d'api viene creato ponendo due elettrodi costituiti da piastre
metalliche di rame in un secchio riempito di cera d'api. Il filo di rame dell'antenna atmosferica è collegato a un'asta di rame massiccio e ad un elettrodo/piastra
metallica immersi nel secchio pieno di cera d'api. Dal condensatore di cera d'api
esce un elettrodo/piastra metallica, collegato tramite un filo di rame ad un'asta di
rame (elettrodo) che si trova nella bacinella d'acqua. Dalla bacinella piena d'acqua
emerge una seconda barra di rame che è legata ad un filo di rame che viene interrato nel terreno.

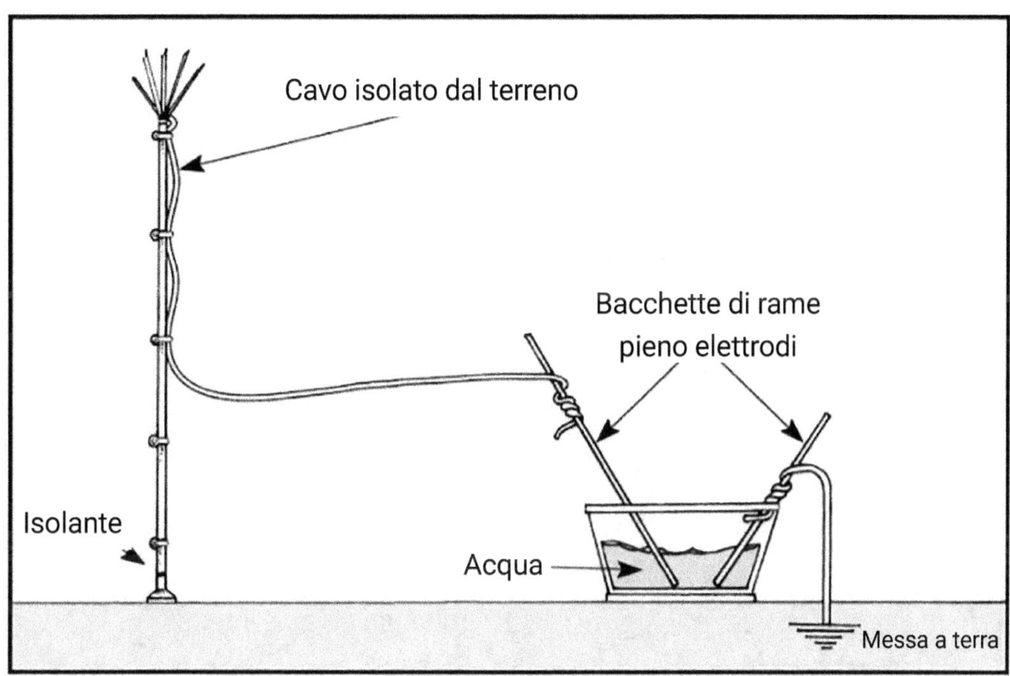

Figura 235 : *Progetto modificato.*

È anche possibile semplificare questa installazione omettendo il condensatore di cera d'api e collegando il filo dell'antenna direttamente agli elettrodi di rame solido immersi nell'acqua.

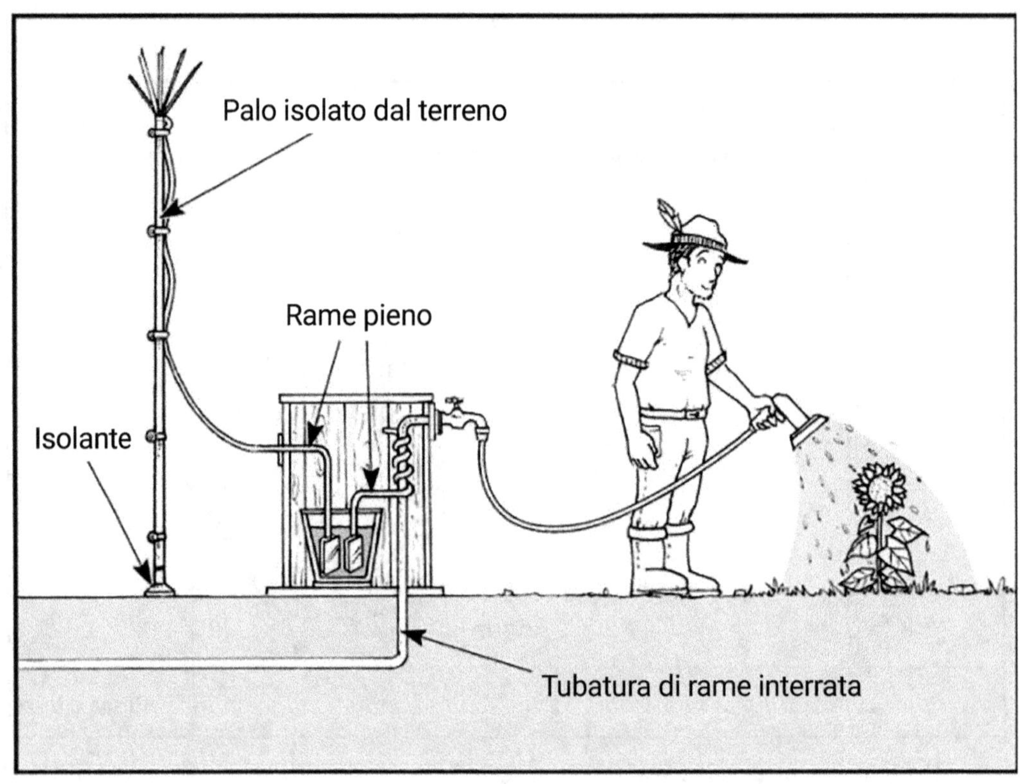

Figura 236 : *Fissare il condensatore di cera d'api al tubo di rame che emerge dal terreno.*

Nell'installazione della Figura 238, il secondo elettrodo è collegato alla tubatura di rame inserita nel terreno che porta l'acqua al rubinetto. Esistono tuttavia metodi ancora più semplici per combinare le tecniche di elettrocoltura al fine di dare energia all'acqua.

Per esempio, un cono paramagnetico può essere incorporato ad un filo di rame e poi sospeso ad un'annaffiatoio per trasmettere energia all'acqua all'interno.

Figura 237 : Creatività.

L'energia della piramide può essere sfruttata lasciando un annaffiatoio pieno d'acqua sotto una piramide per diverse ore.

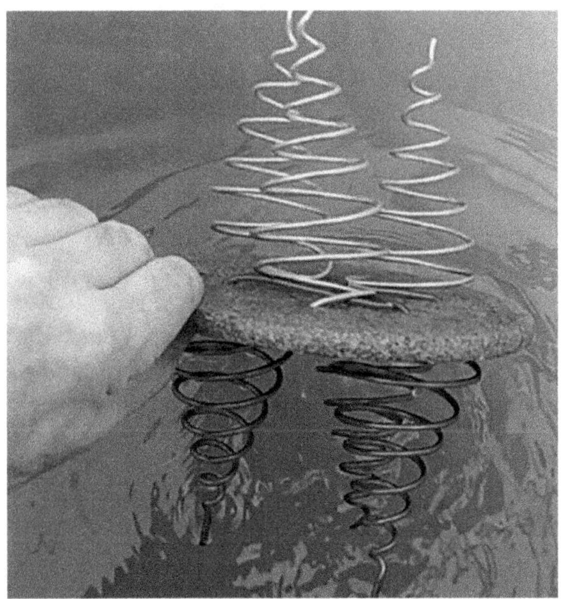

Figura 238 : Spirali di Ighina galleggianti nell'acqua della cisterna.

Per dare energia a grandi quantità d'acqua si può realizzare un dispositivo di galleggiamento che utilizza le spirali di Ighi- na: un sottopentola di sughero che sostiene tre spirali di Ighina rivolte verso l'alto al di sopra della linea di galleggiamento e tre spirali orientate verso il basso che si mantengono al di sotto della linea di galleggiamento (vedi sezione sulle spirali di Ighina). Si tratta di un'ottima soluzione per uno stagno o una vasca d'acqua e può aiutare a mantenere l'acqua limpida più a lungo.

Un quarto esempio è quello di utilizzare un'antenna atmosferica per condurre l'energia raccolta attraverso un filo conduttore in un recipiente d'acqua. Un secondo filo (non raffigurato) dovrebbe partire dall'acqua per poi uscire dal recipiente, ed essere interrato nel terreno.

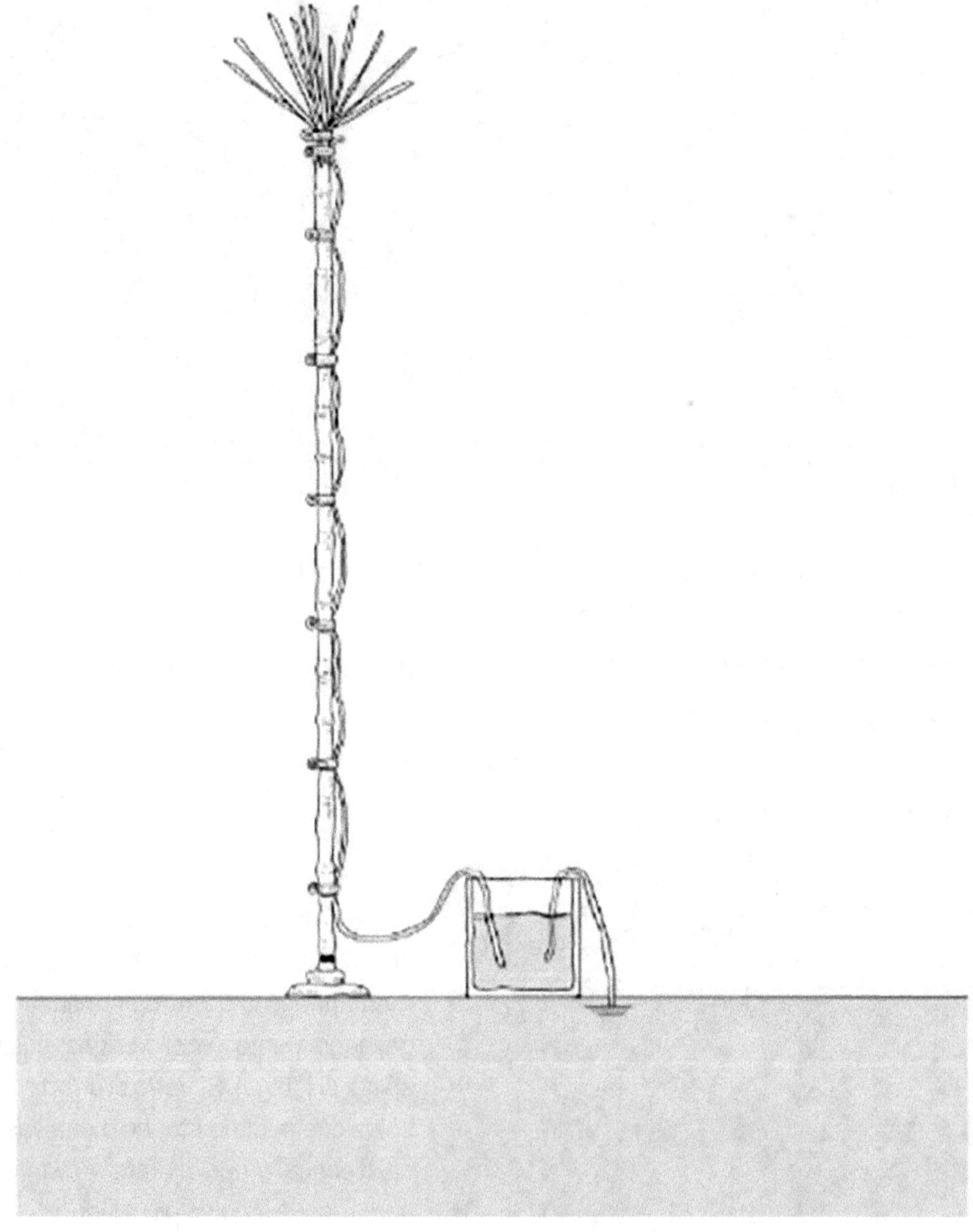

Figura 239 : *Utilizzo di un'antenna atmosferica per caricare l'acqua.*

Questa è una tecnica di cui si parla nel capitolo sul basalto: un tubo di rame viene riempito di pietre di basalto paramagnetiche e cristalli di quarzo col fine di energizzare l'acqua che lo attraversa.

Figura 240 : Le parti necessarie all'assemblaggio di un tubo per l'energizzazione dell'acqua con cristalli di quarzo e basalto paramagnetico.

TESTIMONIANZE

ACQUA ENERGIZZATA DI ANNA

Per questo esperimento Anna ha usato dell'acqua del rubinetto, mettendo a bagno quattro semi in acqua energizzata e due semi in acqua normale non energizzata per due settimane. Poi ha piantato i semi e li ha annaffiati con l'acqua di ammollo. La differenza era già visibile otto giorni dopo.

In seguito durante lo stesso esperimento ha anche spruzzato tutte le piantine, sia nel gruppo di controllo che in quello sperimentale, con acqua energizzata ed ha notato che dava alle piantine un effetto stimolante. Ha poi esteso la nebulizzazione alle altre colture e ha osservato che le piante avevano foglie più larghe e mostravano un verde più vivace. «Nel corso degli anni, la mia fiducia nelle virtù dell'acqua energizzata è aumentata. Mi sono ritrovata a spruzzare una pianta di pomodoro che cresceva fuori dalla mia serra e che soffriva di peronospora. È successo l'inaspettato: la progressione della peronospora si è fermata. Avendo assistito a questo episodio ora la uso regolarmente su tutto il mio orto, dalla semina fino al termine della stagione». - Anna

M. E L'ACQUA ENERGIZZATA IN UN SUO ACQUARIO

M. ha dotato una bottiglia di vetro di due elettrodi di carbonio (in assenza di oro, questo era l'elemento più neutro disponibile, pur essendo conduttivo). Ogni mese, per sei mesi, ha versato nel suo acquario un bicchiere di acqua energizzata, con il risultato di un aumento della crescita delle piante. L'acquario divenne ben presto una giungla, che richiedeva potature ogni settimana e che pose fine all'acquisto di piante d'acquario! Questo è stato sufficiente anche per ridurre il tasso di mortalità dei pesci platy (xiphophorus maculatus) nell'acquario e stimolarne la loro riproduzione a tal punto che il loro numero è aumentato di dieci volte. Dice che usa questa metodica con più parsimonia, perché sono sufficienti piccole dosi. Utilizza l'acqua energizzata anche sulle piante da interno come spray fogliare, con ottimi risultati.

UTENSILI IN RAME

Oltre a comprendere il flusso energetico dell'acqua, Schauberger ha osservato l'impatto negativo degli utensili metallici sulla fertilità del suolo[21]. Quando il ferro si deteriora, deposita particelle nel terreno e, secondo Shauberger, innesca un velo di ruggine che inaridisce il suolo e interrompe i campi energetici. Quando gli aratri metallici vengono trascinati in un campo, la rapida trazione produce deboli correnti ferroelettriche o magnetiche che rompono le molecole dell'acqua carica di sostanze nutritive, provocando l'inaridimento del suolo e la dispersione delle sottili energie nutritive. Il rame, al contrario, non influisce disturbando la naturale tensione magnetica del terreno e contiene oligoelementi utili per la fertilità. Schauberger inventò così l'»aratro rivestito di rame», progettato per lavorare il terreno in modo centripeto durante la lavorazione.

Figura 241 : Strumenti in rame.

---

[21] *Bartholomew, Alick. Hidden Nature: The Startling Insights of Viktor Schauberger. Floris Books, gennaio 2004.*

Oggi sono disponibili sul mercato attrezzi più piccoli in rame e in bronzo, ispirati da questa ricerca. Si è osservato che entrano più facilmente nel terreno, rendendo il lavoro in giardino meno faticoso. È un effetto misterioso che ci suscita molte altre domande sulle nostre interazioni con il suolo.

Il bronzo è una lega composta per oltre il 54% da rame e stagno, la cui durezza aumenta in proporzione al contenuto di stagno. Ha una buona resistenza all'usura, una moderata resistenza alla corrosione ed una buona conducibilità elettrica. Il bronzo ha anche proprietà energetiche diverse dal ferro ed è questo l'aspetto che più ci interessa. Ha una diversa interazione con le forze vitali della terra. Queste caratteristiche e interazioni dei diversi metalli con le forze vitali sono ancora poco conosciute. Tuttavia, queste influenzano fortemente la fertilità del suolo e la crescita delle piante.

Se l'uso di attrezzi metallici nel terreno ha un effetto negativo, è naturale chiedersi quale sia l'impatto dell'uso dei tralicci metallici per le antenne atmosferiche o dei fili zincati per le antenne magnetiche.

Secondo Yannick, i problemi causati dagli attrezzi metallici derivano dal loro uso come utensili, che si muovono dentro e fuori dal terreno nonchè sopra e sotto le piante. La carica magnetica del metallo disturba (e addirittura cancella) parte dei campi energetici delle piante e degli organismi viventi nel terreno, proprio come un magnete può cancellare la traccia audio di un nastro magnetico dalle vecchie cassette audio o video. Questo perché il ferro è ferromagnetico: si magnetizza in una certa direzione quando questo viene sottoposto ad un campo magnetico. Quando si sposta un oggetto di ferro, questo agisce come un magnete in movimento e può disturbare i campi magnetici ed energetici locali. Il rame, invece, non agisce in questo modo quando si muove nel terreno. Quando si installa un'antenna metallica in ferro che rimane statica non si creano questi effetti dannosi, quindi non è la stessa cosa che muovere strumenti di lavoro sopra o attraverso il terreno.

Figura 242 : *Altri utensili in rame.*

Possiamo immaginare che quando muoviamo strumenti con una forte carica magnetica di ferro sopra e attraverso i campi energetici della pianta e del terreno, questo le provoca un grande disturbo e quindi riduce il potenziale di crescita della pianta. È come se la pianta crescesse energeticamente prima di crescere fisicamente. Se questi campi energetici sono disturbati, anche il potenziale di crescita della pianta è disturbato. Tuttavia in questo caso non è in gioco solo il campo energetico della pianta, ma la sottile miscela naturale delle dinamiche dei campi energetici di tutti gli esseri viventi che compongono il suolo e il suo ambiente.

Apparentemente solo ora stiamo iniziando a conoscere i benefici degli ornamenti e degli strumenti in bronzo e in rame. Come i gioielli indossati dagli antichi a forma di bobina di Lakhovsky o le campane di bronzo specificamente accordate usate per le mucche e le pecore. Iniziamo a riscoprire che il bronzo è legato alla fertilità, all'armonia e alla salute. E' una comprensione antica che sta riemergendo.

COME SI FA : Armonizzare gli utensili in ferro

Figura 243 : Pala in ferro dotata di armonizzatore.

L'armonizzazione degli utensili in ferro è relativamente semplice e rappresenta un'alternativa economica all'acquisto di utensili in rame. Consiste nell'applicare un pezzo di tubo di rame riempito con una spina in legno di faggio e fissarlo agli attrezzi di ferro per neutralizzare o armonizzare i loro effetti dannosi sul suolo e sull'energia.

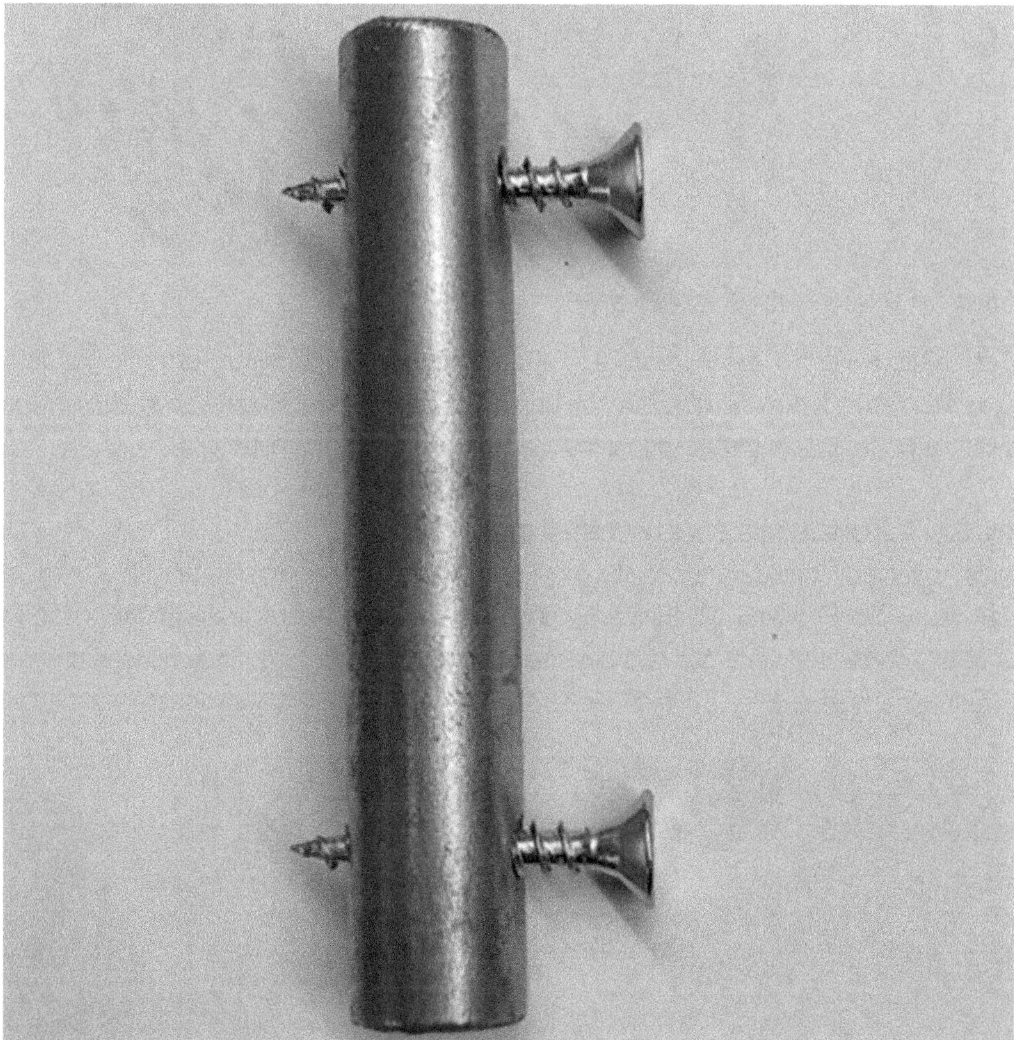

Figura 244 : Armonizzatore.

Gli armonizzatori rame-faggio di Yannick sono semplici da realizzare. È possibile aggiungere del legno di faggio inserendo nel tubo di rame un pezzo di tassello di faggio, misurato e tagliato per adattarsi precisamente al tubo. Per facilitarne l'installazione, utilizzate un trapano per praticare due fori pilota attraverso il tubo di rame. Una morsa può aiutare a stabilizzare il tubo mentre lo si trapana. Inserite le viti a metà e sarete pronti per installare l'armonizzatore su qualsiasi strumento in ferro.

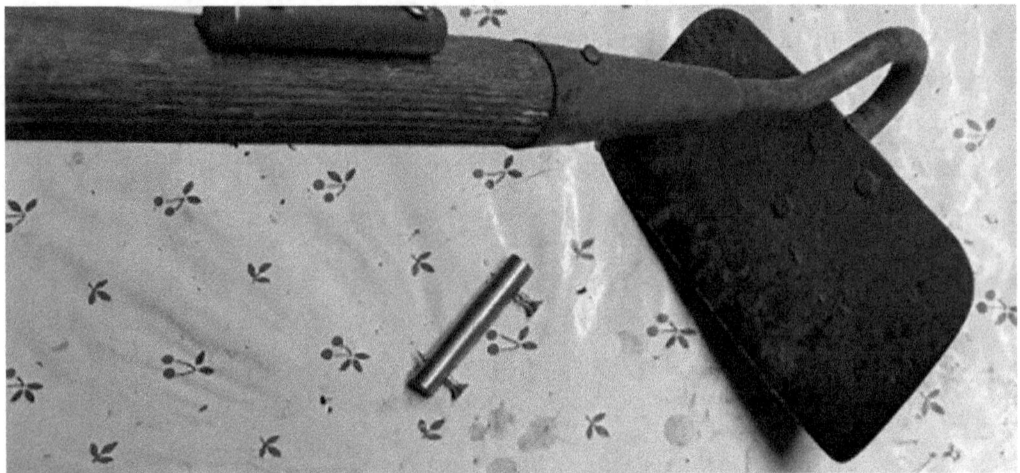

Figura 245 : Posizionamento dell'armonizzatore.

È possibile avvitare l'armonizzatore direttamente sul manico dell'attrezzo da giardino o, in alternativa, legarlo all'attrezzo con un filo. Gli armonizzatori possono anche essere fissati agli attrezzi del trattore con denti metallici che disturbano il terreno.

INNOVAZIONE: utilizzare materiali alternativi

Vale la pena di considerare quali lavori di orticoltura possono essere portati a termine senza l'ausilio di attrezzi. Gli attrezzi naturali fatti di bastoni e di ossa di animali possono a volte essere sufficienti per fare ciò che ci serve, soprattutto quando ripristiniamo la struttura del nostro suolo e ci avviciniamo ad un metodo di orticoltura senza lavorazioni.

Figura 246 : Angela usa un grosso osso come paletta.

Un osso ricavato dalla spalla di un cervo è un eccellente strumento di vangatura prima di seminare. Un bastone può essere sufficiente per fare i buchi per i semi ed un corno affilato può essere un utile come coltello da diserbo.

TESTIMONIANZE

Intorno al 1948, Schauberger, nei pressi di Salisburgo, in Austria, ha condotto delle prove con degli aratri di ferro convenzionali rivestiti di bronzo. Il bronzo è una lega molto restistente composta dal rame. Lo scopo del progetto dell'aratro era quello di migliorare la fertilità del suolo e la crescita delle piante. Un campo è stato diviso in strisce parallele, di cui ciascuna fascia alternativamente è stata arata con un aratro convenzionale e l'altra fascia con un aratro placcato in bronzo. I risultati più significativi sono stati quelli delle fasce lavorate con gli attrezzi placcati in bronzo. Alcune rese hanno superato del 40% quelle ottenute nelle fasce di controllo. Esperimenti simili sono stati condotti in Tirolo, sulle patate. Si sono ottenuti tuberi di quasi 500 grammi con più di 20 germogli. Questi esperimenti hanno dimostrato una straordinaria vitalità delle colture e dei terreni rispetto alle strisce e ai campi di controllo[22].

Figura 247 : Paletta in rame.

---

[22] Bartholomew, Alick. *Hidden Nature: The Startling Insights of Viktor Schauberger.* Floris Books, 2004.

L'ESPERIENZA DI TAMMY CON LA PALETTA DI RAME

Dopo aver imparato a conoscere gli strumenti in rame nel corso di Yannick, Tammy ha investito nel suo primo attrezzo in rame: una paletta manuale. L'ha usata per installare la sua prima antenna magnetica e si è stupita della sensazione che la paletta gli ha dato attraversando il terreno «come se fosse un burro». Ha avvertito una minore resistenza da parte del terreno e ha pensato che questo rendesse più facile il giardinaggio. Tammy ha aggiunto che non ci sono state molte vittime di vermi nei suoi scavi: «È come se sapessero di dover togliersi di mezzo».

IMPIANTI PER ARNIE: ELETTROAPICOLTURA

Nell'era delle tecnologie wireless e delle crescenti onde elettromagnetiche artificiali, le api ed altri insetti stanno lottando per sopravvivere e l'abbandono degli alveari sta diventando un problema crescente per gli apicoltori.

Figura 248 : *Arnia classica dotata di una striscia di rame all'ingresso.*

Si sa che l'orientamento e la capacità di movimento di molta della fauna della terra dipende dai campi elettrici e magnetici[23]. La sensibilità innata degli animali permette loro di percepire ed interpretare le informazioni del campo magnetico terrestre (densità, linee di campo, orientamento, ecc.) per determinare, in combinazione con altri fattori, la loro posizione geografica.

Soluzioni adatte a supportare le nostre api esistono, ma richiedono di mettere da parte alcuni dei nostri preconcetti e di osare sperimentare nuove tecniche.

Figura 249 : Alveare dotato di anello di Lakhovsky, magnete e piramide.

---

[23] *Warnke, Ulrich ."Birds and Mankind: Destroying Nature by Electrosmog." Electro-Health Research, Novembre 2007. https://www.electrahealth.com/Birds-Bees-and-Mankind-Destroying-natureby-electrosmog_df_81.html [sito web consultato nell'aprile 2023]*

COME SI FA : Lamina di rame per arnie

Un filo di rame (o una lamina) all'ingresso delle arnie può aiutare le api contro i parassiti, la varroa e le malattie batteriche. L'acaro della varroa è una malattia particolarmente devastante per un alveare, in quanto indebolisce la colonia e la rende passibile di morte durante l'inverno. La soluzione che ha trovato Yannick a questo problema consiste nel posizionare un filo elettrico di rame spellato o una lamina di rame sull'asse all'ingresso dell'alveare, costringendo le api a passarci sopra quando entrano nell'alveare. Secondo lui, questo metodo fa sì che le api portino con sé nell'alveare degli ioni di rame, che la varroa non gradisce.

Figura 250 : *Arnia classica dotata di una lamina di rame all'ingresso.*

Con questo metodo è sufficiente aggiungere un filo di rame nudo o una lamina di rame sul pavimento dell'ingresso, come nella foto sopra. L'ideale sarebbe fissare la lamina nel punto esatto in cui le api atterrano, perché è qui che si ricaricano di elettroni quando atterrano sull'alveare. Infatti, volando e con l'attrito delle loro ali, le api scaricano gli elettroni; atterrando invece si ricaricano. Pertanto, atterrando sul filo/lamina, le api acquisiscono ioni di rame. Ciò le aiuterà a proteggere la colonia, poiché trasportano gli ioni di rame nell'alveare. Come manutenzione annuale, va passata una carta abrasiva sul filo per rimuovere l'ossidazione e pulirlo in modo che riacquisti la sua piena efficienza. Il rame è noto per le sue qualità antibatteriche e antifungine naturali ed è un importante oligoelemento per il metabolismo delle api.

Figura 251 : Lamina di rame come soglia.

COME : Magneti per salvare gli alveari

Anche se non abbiamo ancora una comprensione completa del suo funzionamento, i risultati della magnetoterapia sull'alveare sono generalmente positivi. L'aggiunta di due magneti ai lati di un alveare è un'applicazione semplice e molto economica. I magneti possono raddoppiare la produzione di miele e ridurre il tasso di moria di oltre il 50%[24].

---

[24] *Strepzek, Edouard & Jacques Kemp «Magnétothérapie appliquée aux Abeilles» Abeilles et Fleurs (marzo 2010),*

Figura 252: Aggiunte al magnete e al circuito di oscillazione.

Per applicare questa tecnica, dobbiamo orientare correttamente la parte anteriore e posteriore dell'arnia: supponiamo che l'apertura dell'arnia sia rivolta a sud. Nello stesso modo in cui orientiamo le antenne e i fili magnetici da sud a nord, dobbiamo assicurarci che anche l'arnia sia orientata da sud a nord, con l'ingresso dell'arnia posto a sud. Un magnete viene posizionato a metà strada tra l'ingresso (che sarà a sud) e la parte superiore dell'arnia. Un altro magnete viene posizionato allo stesso livello sul retro nord dell'arnia. In questo modo, i due magneti, uno sul fronte e l'altro sul retro, saranno attratti tra loro,.

Figura 253: Alveare dotato di anello di Lakhovsky, magnete e piramide.

Ricordate di orientare correttamente anche la polarità di ciascun magnete, con il polo sud di ciascun magnete rivolto a sud e il polo nord di ciascun magnete rivolto a nord. Usate una bussola per verificare che i poli di ciascun magnete siano orientati correttamente.

Posizionando i magneti e l'arnia in questo modo, le api saranno in armonia con il campo magnetico terrestre, evitando i disturbi ambientali che le interessano.

I magneti possono essere fissati all'esterno dell'alveare con una vite corta o con un gancetto a u. L'acquisto di magneti ad anello faciliterà l'installazione, poiché la vite potrà passare attraverso il foro del magnete.

Posizionando un magnete su ogni lato dell'arnia, si formerà un campo magnetico permanente di 10 Gauss al centro dell'arnia, per un'arnia «Dadant-Blatt» a 10 telai. Il valore aumenterà avvicinandosi alle pareti nel caso di utilizzo di magneti di 60x20x15 millimetri del valore attrattivo di 3800 Gauss. Questo valore è ben superiore al campo magnetico terrestre, che è di circa 0,5 Gauss. I magneti posizionati sugli alveari proteggeranno dalle onde elettromagnetiche di tutti i tipi, il cui valore è di pochi milli-Gauss, ma che possono essere molto fastidiose. I magneti creano efficacemente uno scudo in modo che le api risultino tranquille e possano lavorare senza essere disturbate. La colonia si rafforzerà, sarà più resistente agli attacchi e sarà meglio protetta da alcune delle onde nocive che la circondano.

Aggiungere un po' di cera d'api

Si consiglia di rivestire i magneti con una cera d'api di buona qualità. Quando il campo magnetico a sud della calamita passa attraverso la cera d'api, trasporta le informazioni all'interno dell'alveare. Questo fenomeno è poco conosciuto, ma esistente. Non è obbligatorio farlo, ma può migliorare gli effetti benefici del campo magnetico.

Aggiungere un circuito oscillante

I circuiti oscillanti posti sugli alveari offrono gli stessi benefici aggiuntivi che sono stati osservati sugli alberi. Questi circuiti infatti amplificano il campo magnetico all'interno dell'anello e, se appesi verticalmente sul lato sud dell'alveare o dell'albero, quel campo si propaga verso nord grazie al flusso magnetico della terra.

Posizionare il circuito al lato sud dell'arnia, con l'apertura rivolta verso il basso. Osservare la Figura 255 per comprendere il posizionamento del circuito. Potreste provare questa soluzione anche nella vostra camera da letto o nel vostro pollaio!

Scegliere dei materiali naturali

In questo caso è importante non utilizzare composti chimici non naturali come plastica o gomma tra i magneti e l'alveare, altrimenti si corre il rischio di disturbare lo sciame trasferendo «informazioni» non desiderate, dalla plastica all'alveare.

TESTIMONIANZE

L'apicoltore Edouard Strezpek era molto preoccupato perché i suoi alveari stavano collassando. Lui aveva già utilizzato dei magneti a scopo terapeutico ed aveva avuto l'idea di utilizzarli anche per suoi alveari. Così ha cercato di creare un campo magnetico statico. Ha posizionato i magneti su entrambi i lati dell'alveare in una posizione che permettesse loro di attrarsi. L'esperimento si svolse su 50 alveari per tre anni. I risultati furono impressionanti. In quel lasso di tempo non ha subito quasi nessuna perdita e, inoltre, la produzione di miele per ogni alveare è più che raddoppiata. Da quando ha aggiunto i magneti, non ha più bisogno di nutrire le sue colonie, perché in autunno godono di un abbondanza tale da passare agevolmente l'inverno. In seguito a questi risultati, il SIARP (Sindacato intercomunale per la sanificazione della Regione di Pontoise, unione degli apicoltori della regione di Parigi) ha previsto di attrezzare più di 1000 arnie con magneti, nel 2010.

Gli alveari di Yannick

Nel 2022-2023 Yannick ha testato l'uso di strisce di rame, magneti e circuiti oscillanti sui suoi alveari. Prima dell'inverno aveva quattro alveari senza alcuna dotazione di elettrocultura e sei alveari equipaggiati con il set di elettrocoltura composto da lamime di rame, magneti e un circuito di oscillazione. Dopo l'inverno, solo uno dei quattro alveari del gruppo di controllo è sopravvissuto, mentre cinque dei sei alveari con elettrocultura sono sopravvissuti e godono tuttora di ottima salute.

MUSICA E CRESCITA DELLE PIANTE

È ormai risaputo che la musica influisce sulla crescita delle piante. È noto che alcune frequenze sonore stimolino la germinazione dei semi, la velocità della crescita delle piante ed i raccolti ottenuti. Molte ricerche sono state condotte negli ultimi 30 anni in Canada, Francia, Belgio, Svizzera, Indonesia, Cina, Ungheria, Australia e Stati Uniti per formare la base scientifica delle applicazioni qui descritte.

In natura, i canti degli uccelli svolgono l'importante lavoro di favorire il risveglio delle piante, al mattino ed in primavera. Oggi, purtroppo, gli uccelli sono sempre meno presenti a causa della distruzione del loro habitat, dell'agricoltura chimica agroindustriale e dell'aumento dell'inquinamento elettromagnetico di origine antropica. Quest'ultimo non favorisce gli insetti, le erbe spontanee e il mantenimento delle caratteristiche tipiche dei vari habitat. Per contrastare questa situazione parecchio sfavorevole alcuni agricoltori, viticoltori o arboricoltori utilizzano una tecnica poco conosciuta, sviluppata originariamente negli anni '70 da Dan Carlson, chiamata «Sonic Bloom.[25]».

La tecnica di Carlson consisteva nella combinazione di un tono da tre a cinque kilohertz e di uno spray fogliare che promuoveva una crescita rigorosa delle piante. Il suo spray fogliare era composto principalmente da un concentrato di un'alga, l'Ascophyllum nodosum, e da un'estratto di radici di yucca. La sua miscela naturale era ricca di oligoelementi, ormoni naturali della crescita, gibberelline, auxine, citochine e tutti gli aminoacidi in una soluzione facilmente assimilabile dalle piante.

La tecnica del "Sonic Bloom" ["fioritura sonora" NdT] stimola l'apertura degli stomi del fogliame, aumentando notevolmente l'assorbimento fogliare attraverso i pori delle foglie[26]. Questa tecnica consiste nell'utilizzo di precise frequenze sonore, emesse ad

---

[25]Tompkins, Peter, et al. *Secrets of the Soil: New Solutions for Restoring Our Planet. Earthpulse Press, 1998.*
[26]*Gli stomi sono i piccoli pori del fogliame attraverso i quali le piante respirano, assorbono CO2, umidità e fertirriganti naturali. Si aprono e si chiudono naturalmente e in base alle condizioni climatiche, all'umidità, alla temperatura e alle varie sollecitazioni. Interagiscono anche con le vibrazioni prodotte dalla musica/suono, che possono facilitare lo scambio di gas. In natura, gli uccelli cantano al mattino prima dell'alba e stimolano il risveglio delle piante.*

alta intensità e in corrispondenza del trattamento fogliare. In questo modo aumenta notevolmente l'assorbimento dei liquidi spruzzati.

Alcune oscillazioni di frequenza tra 4700 e 5300 Hertz migliorano l'assorbimento fogliare di oltre il 30-50%. In laboratorio, i test hanno ottenuto un aumento dell'assorbimento del +700%. Questo sistema prevede l'utilizzo di una formula molto equilibrata di soluzioni per la nutrizione fogliare, non per disturbare la pianta ma per stimolarla. Se utilizzato contemporaneamente ad una specifica frequenza, si possono misurare aumenti di resa del 30-100% e talvolta anche molto di più.

Numerosi esperimenti condotti da Dan Carlson hanno dimostrato che il fenotipo di una pianta non è fisso, mettendo in discussione ciò che crediamo sull'evoluzione e sull'adattamento delle piante. Anche se alcuni scienziati affermano che una pianta ha una certa dimensione massima, un certo numero di petali, una resistenza alla temperatura o una durata di vita ben definita, Carlson ha dimostrato che la genetica non è così deterministica. Dan Carlson, ad esempio, ha testimoniato di una vite cresciuta in casa così a lungo da riuscire a portare il tralcio da una stanza all'altra. Notò che la forma delle foglie cambiava in modo da assomigliare esattamente a quella di altre varietà di vite. Ne concluse che la pianta era in grado di adattarsi e cambiare espressione in base al microambiente di ogni stanza. Mostrava la forma delle foglie e le altre caratteristiche più adatte alle condizioni di umidità, luce e calore della stanza in questione. Le implicazioni di queste scoperte sono che potremmo accelerare notevolmente l'adattabilità di una pianta al suo ambiente nel corso della stessa generazione, senza dover aspettare anni di selezione delle varietà.

COME SI FA : Usare frequenze del sonic bloom

Sono stati sviluppati sofisticati trasmettitori elettronici, come piccoli deflettori, da collocare in campi aperti, dietro casa, nelle serre o sul balcone. Funzionano con una fonte di corrente che emette da 9 a 12 volt. Quindi si può usare una batteria o un piccolo pannello solare. L'imitazione del canto degli uccelli avviene tramite frequenze emesse tra 4700 e 5300 Hertz. È importante rispettare l'intervallo stabilito dalla natura e, come riferimento, guardiamo ai ritmi naturali del canto degli uccelli. Possiamo quindi iniziare la diffusione del suono già una o due ore prima dell'alba.

Su di uno spazio di un ettaro, si può installare un piccolo palo con sei trasmettitori montati con la forma di un ventaglio esagonale. Il palo andrà posto al centro dell'appezzamento. La distanza, il raggio o l'area di influenza sarà fino a 50-75 metri dal trasmettitore.

In pratica, queste frequenze di fioritura sonora possono essere utilizzate da sole o quando si pratica l'irrorazione fogliare. Se si desidera beneficiare solo dei risultati delle frequenze sonore è consigliabile utilizzare queste frequenze per lunghi periodi di tempo, per esempio dalle 6.00 alle 10.00 e dalle 18.00 alle 22.00, questo per tutti i giorni durante il periodo di coltivazione. Si potrebbe anche usare tutto il giorno, ma è preferibile assicurarsi di prevedere dei momenti naturali di riposo, soprattutto di notte e all'ora di pranzo o in generale quando la natura è relativamente tranquilla.

Attenzione alle condizioni

Durante le giornate calde e soleggiate della primavera e dell'estate, è assolutamente necessario prestare attenzione e ricordarsi di spegnere la diffusione nelle ore più calde, per non creare un'eccessiva evapotraspirazione. Queste frequenze stimolano l'apertura degli stomi attraverso i quali le piante espirano il vapore acqueo. Durante le ore più calde dell'estate, la maggior parte delle piante restringe o addirittura chiude l'apertura degli stomi per proteggersi dall'eccessiva disidratazione. Non bisogna quindi interferire con questo processo naturale. Altrimenti, si rischia di disidratare o addirittura seccare la pianta, con tutti gli effetti collaterali negativi che ciò comporta. Avendo studiato questo argomento nel suo lavoro di tesi, Yannick ha potuto constatare gli effetti indesiderati di un uso eccessivo della diffusione durante le ore calde o in anni di siccità. Anche gli uccelli sono molto silenziosi in queste ore di sole e di caldo estivo, quindi dovremmo prendere spunto da loro.

Aggiunta di spray fogliari

Possiamo anche aumentare l'applicazione di queste frequenze sonore con una serie di trattamenti fogliari. In questo caso, bisogna considerare che queste frequenze possono facilmente raddoppiare l'assorbimento fogliare rispetto a un trattamento senza. È importante saperlo per adattare i dosaggi dei prodotti fogliari generalmente prescritti sulla loro confezione. Un «sovradosaggio» può portare a squilibri a seconda dei prodotti utilizzati.

In questo caso, Dan Carlson ha sempre consigliato l'uso della sua formulazione specifica di estratti di alghe e radice di yucca. In pratica, si consiglia di effettuare da uno a cinque trattamenti con un intervallo di almeno una settimana tra due trattamenti.

Il protocollo è semplice. Si sceglie un orario mattutino o serale. L'emissione sonora viene accesa ad un volume elevato, superiore a 70-90 decibel (o maggiore). Questo avviene un'ora prima del trattamento fogliare, per preparare l'attività cellulare e gli stomi alla massima apertura ed assorbimento. Poi, la soluzione spray fogliare viene applicata mentre continua l'emissione sonora. L'intensità del suono non supera generalmente quella di un trattore, ma è comunque consigliabile indossare cuffie antirumore per limitare l'intensità che raggiunge l'orecchio ed evitare il rischio di perdita di udito a queste frequenze, che sono piuttosto elevate. Al termine del trattamento fogliare, l'emissione sonora viene lasciata accesa alla massima intensità per altre due ore per garantire il massimo assorbimento fogliare. Questo trattamento viene ripetuto durante il periodo di crescita ad un intervallo di una o due settimane. I risultati sono generalmente straordinari: crescita accelerata, piante molto più grandi e vigorose, salute eccezionale delle piante e raccolti abbondanti, addirittura eccezionali. Le frequenze sonore aiutano anche a proteggere le piante dalle gelate primaverili.

Va da sé che ripristinare ecosistemi naturali intorno alle colture, permettendo così agli uccelli di trovare riparo e copertura, restano le soluzioni più naturali e sono da preferire. Tuttavia, a volte, in condizioni urbane o parecchio artificiali (giardini sospese, serre, luoghi con una popolazione di uccelli in forte calo, ecc.), è difficile ricreare completamente un habitat naturale.

Un altro risultato dell'uso di queste tecniche è la possibilità di ridurre le sostanze aggiunte dall'esterno. I dosaggi di fertilizzanti e fungicidi possono essere ridotti del 50-75% se si utilizzano le frequenze sonore. Il risultato è un sostanziale risparmio sui costi ed una maggiore efficienza dei trattamenti. Qualunque sia la coltura - arboricoltura, cerealicoltura, orticoltura o viticoltura - la tecnica è semplice da attuare, anche su scala ridotta. Si può attuare dotando un'irroratrice di un trasmettitore acustico ad alta frequenza e installando un trasmettitore rimovibile nel campo durante i trattamenti. Il costo di utilizzo di questa strumentazione è ampiamente compensato dalla riduzione annuale degli input tradizionali e dall'aumento della qualità e della quantità dei raccolti.

TESTIMONIANZE

Figura 254: Differenze di rendimento con o senza il Sonic Bloom.

L'ESPERIMENTO DI JOHAN CON LE BARBABIETOLE

La Figura 257 mostra un esempio fornitoci dalle barbabietole rosse nell'orto di Johan T. in Belgio. Sono state trattate una o due volte con la fioritura sonica. Abbiamo osservato chiaramente barbabietole più grandi e foglie molto più sviluppate. Le barbabietole rosse a sinistra sono state trattate e a destra sono quelle del gruppo di controllo.

Oignons plantés en mars 2004, récoltés en juillet 2004

Traitement	Avec Sonic Bloom	Avec extraits d'orties	Témoin		
nr de Rangée	4	6	7	8	9
Nombre de plants	47	72	39	54	60
Nombre d'oignons	47	72	39	54	60
Poids total	5265	6876	2839	4739	4170	grammes
Poids /plant	112,0	95,5	72,8	87,8	69,5	g
Poids /oignon	112,0	95,5	72,8	87,8	69,5	g

Poids moyen de		Groupe	
Avec Sonic Bloom	119,9	3	plus 52%
Avec l'extrait d'ortie	84,95	2	plus 8%
Témoin	78,65	1	Témoin

Figura 255: Differenze di resa con il Sonic Bloom

IL RACCOLTO DI CIPOLLE DI JOHAN

Johan Toebat ha reso noti i suoi risultati otttenuti in un altro esperimento, questa volta sulle cipolle. Ha sperimentato la fioritura sonora nel suo orto in Belgio. I risultati sono stati notevoli, con un aumento del 52% del peso medio per pianta al momento del raccolto rispetto al gruppo di controllo.

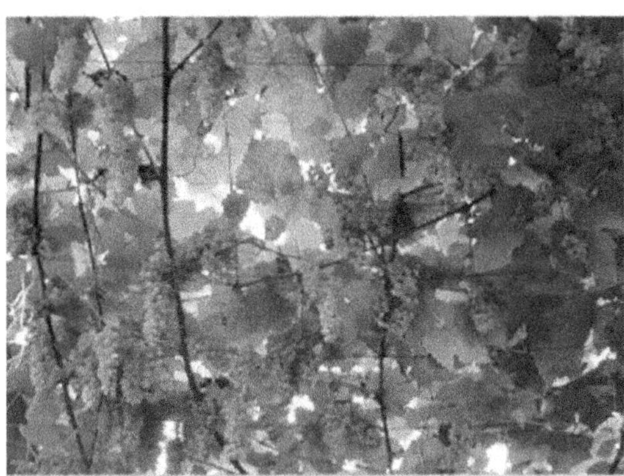

Figura 256 et 257 : Aumento della resa e delle dimensioni dell'uva con la fioritura sonora.

LA PRODUZIONE DI UVA DI JOHAN

Test su uve coltivate in serra in Belgio da Johan T.

Nella figura 258 (a sinistra), le viti di controllo hanno un numero di grappoli nettamente inferiore e di dimensioni più piccole; nella figura 259 (a destra), le piante trattate con la fioritura sonora hanno molti più grappoli e dei frutti più grandi.

Figura 258 : L'esperimento di Denisot.

MUSICA SINTONIZZATA A 432 HERTZ

Ecco una testimonianza di Solène Denisot per la sua tesi di maturità del 2010 sulla germinazione dei fagioli. Solène spiega il suo esperimento nella seguente relazione:

«Ci sono due fioriere in cui abbiamo piantato fagioli nani in due file. Abbiamo posizionato i contenitori davanti a una finestra, in due stanze con la stessa esposizione alla luce. Inoltre, per eliminare il fototropismo, abbiamo posizionato uno specchio sul lato opposto alla finestra. Una delle due vasche, quella di controllo, è stata isolata in una stanza: i fagioli sono cresciuti senza altri input se non la regolare irrigazione. La seconda vasca è stata sottoposta a onde sonore per un periodo di 15 minuti al giorno (alle 19.30), provenienti da due altoparlanti (uno per ogni lato del vassoio). L'altezza di tutte le piante è stata poi misurata con regolarità, e una media è stata calcolata sia per la vasca sperimentale che per quella di controllo. È stato subito osservato che i fagioli sottoposti alle onde sonore presentavano una crescita più rapida. I suoni sembrano quindi avere un'influenza sulla crescita delle piante.

«Risultati: a partire da 5-10 giorni si osserva una marcata differenza nella crescita. Dopo 35 giorni, le piante di fagiolo del gruppo di controllo hanno un'altezza media tra i 10 e i 15 centimetri e quelle del gruppo trattato con il 'La' a 432 Hertz un'altezza media di oltre 25 centimetri.

«Questo test, naturalmente, ha solo un valore indicativo. Tuttavia, è impressionante vedere una tale differenza tra il gruppo di controllo e quello trattato. Questo con un trattamento sonoro di una singola frequenza a 432 Hertz per 15 minuti al giorno. I 432 Hertz sono una frequenza di fenomenale importanza in natura e nel nostro ambiente, tuttavia sono ancora largamente sottovalutati». - Solène Denisot, tratto da un documento non pubblicato.

INNOVAZIONE: Controllo delle erbe infestanti con le onde elettromagnetiche

La stessa frequenza di 16 Hertz che ha dimostrato di stimolare la crescita delle piante di pomodoro del 500%[27] è quella utilizzata nelle linee delle ferrovie

---

[27]*Nella sua tesi di laurea, Van Zyl Pieter Johannes Jacobus presso l'Università di Johannesburg nel 2013, ha sperimentato un'armonica della frequenza di risonanza Schumann sulle piante di pomodoro. Ha utilizzato una frequenza di 16 Hertz, che è il doppio degli 8 Hertz corrispondenti all'arrotondamento di 7,83 Hertz. Il risultato è sorprendente: la crescita è stata superiore del 500% rispetto al gruppo di controllo. È stato calcolato che questa frequenza di 16 Hertz è anche una frequenza che entra in risonanza con gli atomi di calcio e di potassio. Due elementi, questi, molto importanti per il nutrimento delle piante. L'accordo armonico con la risonanza di Schumann è sorprendente. Il ricercatore Van Zyl sembra aver dimenticato o evitato di parlare di questa connessione con la risonanza di Schumann. Ma Yannick l'ha notato immediatamente, leggendo questa straordinaria tesi di ricerca: non può essere una semplice coincidenza. Per maggiori dettagli sulla durata specifica del trattamento, la potenza e la forma del segnale oltre alle condizioni di sperimentazione, vi invitiamo a consultare questa tesi.*

elettriche in Germania e Austria. Una ricerca pubblicata su Bioelectromagnetics nel 2004, «Effects of weak 16 3/2 Hertz magnetic fields on growth parameters of young sunflower and wheat seedlings» (Effetti dei campi magnetici deboli da 16 3/2 Hertz sui parametri di crescita di giovani piantine di girasole e di grano), dimostra che questa frequenza, sotto forma di segnale sinusoidale, ha avuto un'influenza favorevole sulla crescita delle piante. Conoscere questo potrebbe essere utile per i responsabili delle ferrovie, che ogni anno spendono ingenti risorse per mantenere sgombre le proprie linee ferroviarie dalle erbe spontanee. In questo caso, il segnale elettrico di 16 Hertz è noto per fungere da stimolante della crescita delle piante. Grazie alla conoscenza di come funziona questa frequenza e dell'effetto sulla crescita delle piante, si potrebbe pensare di modificare la frequenza e trovarne una che inibisca la germinazione e/o la crescita delle piante infestanti o indesiderate. In questo modo si potrebbero ridurre le risorse e i combustibili impiegati per lo sfalcio delle linee ed i diserbanti tossici che sono utilizzati per trattare queste linee. Con una comprensione un po' più approfondita delle frequenze che stimolano la germinazione e la crescita nonchè delle altre che inibiscono e inducono la dormienza, si potrebbe ricavare un'applicazione funzionale per inibire la crescita delle piante in particolari aree. Questo fa sperare nello sviluppo di nuove tecniche efficaci ed ecologiche per il controllo delle «erbacce» che siano meno dannose per i nostri terreni, le nostre acque e gli habitat della fauna selvatica.

Cosa stiamo aspettando?

Musica classica barocca per la coltivazione delle piante

È stato dimostrato in molti esperimenti scientifici che la musica classica ha effetti positivi enormi sulla crescita e sulla salute delle piante. Soprattutto per quanto riguarda i vari tipi di musica, Yannick consiglia l'uso di capolavori barocchi col fine di aiutare le piante a crescere.

Il Paradiso di Frassina è un'azienda vinicola toscana di 24 acri [quasi 10 ettari NdT] che ha testato la musica sulle proprie viti dal 2006, quando «i ricercatori hanno posizionato degli altoparlanti davanti a delle giovani piante in mastelli di legno ed a piante più vecchie in un piccolo vigneto in un'area isolata della proprietà. I germogli e i vitigni esposti a questo fertilizzante sonoro sono state controllate una volta alla settimana da maggio a dicembre, quando le piante vanno in dormienza». Il coltivatore ha utilizzato musica del periodo barocco ed ha osservato viti più sane, con una maggiore crescita delle foglie ed una maturazione più precoce. Le viti di controllo «hanno mostrato uno sviluppo ritardato»[28].

Figura 259: *Piante di vite del gruppo di controllo, senza musica, piantate nei mastelli di legno.*

Figura 260: *Viti piantate in mastelli di legno trattate con musica classica barocca per tutto il giorno.*

---

[28]Martinelli, Nicole. "Grape Expectations: Vines May Love Vivaldi." *Wired Magazine* (June 28, 2007). *https://www. wired. com/2007/06/grape-expectations-vines-may-love-vivaldi/ [sito web consultato nell'ottobre 2023].*

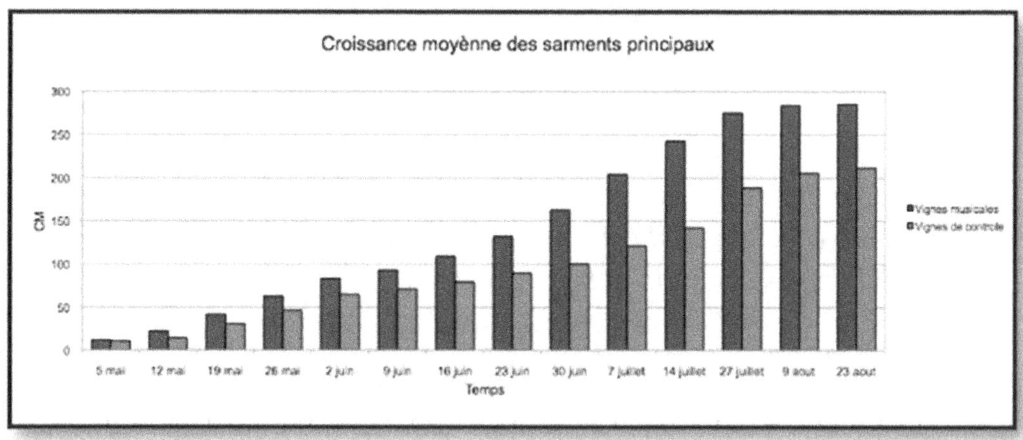

Figura 261: Tabella che mostra la differenza di crescita tra le giovani piante con musica rispetto al gruppo senza musica.

Una visita del 2012 ai Giardini Botanici Reali di Sydney ha assicurato a Yannick che il futuro della coltivazione degli alimenti con la musica è luminoso. All'interno della gigantesca serra piramidale è rimasto sbalordito nel sentire suonare musica classica barocca sia in tutto il giardino che nella serra. Più di recente, un agricoltore francese, un coltivatore di mele e lamponi, Gilbert B., ha spiegato a Yannick che, utilizzando la musica classica barocca in serra, i suoi lamponi crescevano il doppio rispetto a quelli coltivati senza. Man mano che condivide i suoi risultati e le storie di altri, le testimonianze si moltiplicano.

Le colture sane devono nascere come il risultato naturale di pratiche olistiche come quelle discusse in questo manuale e potrebbero (anzi, POSSONO!) diventare la nuova base per la coltivazione del cibo.

Riprodurre musica barocca è uno dei modi più semplici per aumentare i raccolti sani nei nostri orti e campi. Abbiamo semplicemente bisogno di altoparlanti e della musica giusta. Questi capolavori classici possono essere facilmente reperiti e scaricati anche a 432 hz di frequenza, in Internet. Ci sono intere playlist disponibili gratuitamente su YouTube.

CONCLUSIONE

«La natura conferisce il diritto alla vita nella misura in cui si accetta di funzionare come antenna positiva o negativa, sotto una tempesta o anche alla luce del sole, a seconda delle circostanze e di cosa c'è bisogno...».
(Matteo Tavera, Missione Sacra)

Yannick ha notato che le tecniche di elettrocoltura offrono generalmente dei maggiori risultati negli approcci che utilizzano l'agricoltura biologica rispetto all'agricoltura chimica. Il motivo è l'importanza centrale della microbiologia del suolo, che permette di catturare e di sfruttare al meglio le energie paramagnetiche, magnetiche ed elettriche delle numerose applicazioni di elettrocoltura che cerchiamo di attuare. Nell'agricoltura chimica, l'uso di erbicidi, fungicidi ed insetticidi ha distrutto la microbiologia del suolo (e di conseguenza la microbiologia umana). Sotto queste pressioni, i nostri terreni non possono fare miracoli e non ci si può aspettare che l'elettrocoltura faccia magie. Se la parte vivente dei nostri terreni viene uccisa, la Terra non può attuare al massimo delle sue capacità armonizzando le energie che scorrono sopra e sotto di noi. Abbiamo la responsabilità di osservare le nostre esperienze inerenti l'elettrocoltura in forma olistica, e spetta a noi dare nutrimento a tutti gli elementi coinvolti nel processo.

Gli effetti stimolanti, vitalizzanti e fertilizzanti delle tecniche di elettrocoltura vanno ben oltre l'applicazione di rocce paramagnetiche e l'utilizzo del rame: il risvegliarsi dell'elettrocoltura rappresenta un invito ad interagire con le forze sottili ma potenti che ci circondano, affinché anche noi possiamo riconoscere i poteri sottili in noi e la nostra vera interdipendenza con le forze elettromagnetiche naturali del pianeta.

Se riusciamo ad immaginarlo, le onde di Schumann sono una sorta di frequenza radio che collega tutti gli esseri viventi sulla terra. Quando siamo ben sintonizzati su questa frequenza, questo permette a tutti di vivere più in armonia tra loro, collettivamente in accordo su di una frequenza che ci lega e ci nutre. Questo apre la strada ad un'energia fenomenale di geomagnetismo terrestre e permette di aumentare le nostre capacità di intuitive, la nostra vitalità, creatività, compassione e comprensione tra gli esseri. L'elettrocoltura può facilmente diventare una pratica che si espande.

Non c'è strumento di ordine fisico-scientifico che possa misurare e percepire meglio una situazione in tutta la sua complessità rispetto alla creazione divina che si manifesta col funzionamento naturale dei nostri sensi. Sembra un'ovvietà, ma troppo spesso viene dimenticata. La coltivazione del nostro giardino interno si riflette quindi nella coltivazione del nostro giardino esterno. L'uomo ha delle capacità incredibili, che pochi intuiscono, che sono in accordo con gli elementi della natura. C'è chi sussurra alle orecchie dei cavalli, chi vede i colori che vengono emanati e chi sente le piante, in modo del tutto naturale. Oltre ai libri e a Internet, esistono altri mezzi per accedere alla conoscenza, ad esempio connettersi con tutti i nostri sensi alle belle frequenze che ci circondano.

Non possiamo che sentirci molto piccoli e pieni di modestia di fronte a questi misteri. Restiamo umili di fronte a tante cose che ci restano da capire e da scoprire. YVD.

POSTFAZIONE

La realizzazione di questo libro è stata il culmine di un'intera avventura, di sincronie, di segni e di incontri che si sono susseguiti sul nostro cammino. Prima di tutto l'incontro con Angela Durante, che mi ha spinto dolcemente ad agire per realizzare finalmente un libro. Il manoscritto di questo libro giaceva dormiente sulla mia scrivania. Lei si è offerta di tradurlo in inglese e riassumerlo in una guida pratica, dato che questo primo manoscritto sull'argomento era originariamente scritto in francese. La ringrazio di cuore per il notevole lavoro svolto in così poco tempo e per il suo entusiasmo: durante la stesura è riuscita a comprendermi rapidamente ed a trasmetterne sia lo spirito che le informazioni.

Sono anche molto grato a tutti gli amici, alla mia famiglia ed a tutti i conoscenti che mi hanno sostenuto fin dall'inizio e lungo il percorso. Siete troppi per potervi citare tutti. Innanzitutto sono grato a mia moglie Chantal e alle nostre meravigliose figlie Éleonore e Léonie. Sono la mia principale fonte di motivazione in questa vita per realizzare un bel giardino ed un ambiente in cui vivere. Ringrazio i tanti amici che mi hanno sostenuto nel corso degli anni, alcuni di voi sono stati presenti fin dall'inizio. Sono più di 13 anni che abbiamo deciso di scrivere un libro su questo argomento! Il tempismo è tutto.

Spero che questo libro vi sia molto utile e che sia l'inizio di una serie, perché vorrei condividere con voi ancora e poi ancora i progressi in questo grande campo di scoperte che genera così numerose applicazioni tanto da aiutarci un giorno alla volta a risolvere i problemi agronomici e di giardinaggio. In questo lavoro spero abbiate già trovato molte metodiche per ottenere raccolti sani, di qualità ed abbondanti con maggiore facilità. Questo è solo l'inizio di una grande ed emozionante avventura nello sviluppo dell'elettrocoltura. Attendo con ansia di giungere a nuove scoperte, invenzioni e comprensioni sul funzionamento della fertilità e della natura che ci circonda. Come pioniere, mi ci sono voluti anni per imparare, sperimentare e mettere insieme tutte le informazioni che condivido con voi in questo lavoro, che ha lo scopo di rendere molto più facile a voi di imparare ed esplorare questa fantastica avventura nei vostri orti e terreni agricoli. Vi auguro ogni bene.

Spero che tutti noi manterremo l'attitudine di rispettare i nostri pionieri, insegnanti, predecessori e gli inventori; opereremo in piena consapevolezza, con modestia e sincerità; e continueremo a condividere i nostri risultati nelle comunità in cui viviamo per contribuire a rendere questo mondo un posto migliore in cui vivere.

Yannick Van Doorne, agronomo e pioniere dell'elettrocultura

BIOGRAFIE

Angela Durante

Ciao amici! Sono Angela :) Sono un'imprenditrice agricola ed un'educatrice di permacultura in Ontario, Canada. Ho conseguito un dottorato di ricerca in Storia e un diploma di laurea, ma ho seguito il mio cuore tornando alla terra e alla vita agricola della mia infanzia. Il mio interesse per l'agricoltura rigenerativa e per la sicurezza alimentare di qualità ha portato me e la mia famiglia verso l'obiettivo di far rivivere un edificio scolastico abbandonato, che abbiamo trasformato in un'azienda agricola biologica produttiva su piccola scala. Guidata dai principi della permacultura e dell'elettrocoltura, la mia attenzione si è rivolta a sfruttare gli elementi naturali, a ridare vita al suolo deteriorato ed a trasformare i problemi percepiti in soluzioni migliorando le mie capacità di osservazione. L'obiettivo principale che mi sono posta: coltivare più cibo ed erbe officinali il più sane possibile, per le nostre famiglie e le nostre comunità e rigenerare il paesaggio mentre lo facciamo. Sono onorata di far parte di questo progetto. Grazie ad Anna Cairns per le sue eccellenti capacità di editing che mi hanno aiutata a perfezionare questo manuale. *https://homesteadhaven.ca/*

Gilles Mattiola

Un caro saluto a tutti i lettori, sono Gilles Mattiola, sono nato e vivo in Italia, precisamente in Veneto. Qui, mi sono laureato all'Università di Padova ed ho cominciato a dedicarmi al benessere delle persone. Ho coniugato fin da subito diverse tecniche, scientifiche convenzionali ed appartenenti al mondo olistico. Da quando avevo vent'anni ho studiato e praticato assiduamente lo shiatsu, a cui sono abilitato all'insegnamento.

La mia voglia di ritrovare il contatto con la natura e la mia passione per l'orto mi hanno portato da qualche anno a cominciare ad occuparmi del benessere delle piante. Ben presto mi sono ritrovato ancora una volta a studiare le influenze delle energie sottili, questa volta sui vegetali. Ho iniziato il mio nuovo percorso studiando la permacultura e poi ho scoperto il magico mondo dell'elettrocoltura. Mi sono subito innamorato di questa disciplina ed è così iniziata una ricerca sempre più approfondita in quest'ambito. Ho iniziato a testare ed a provare nuovi dispositivi in collaborazione con enologi, vivaisti e biologi e li ringrazio per avermi aiutato ad entrare sempre più in connessione con le piante. Ben presto l'elettrocoltura è diventata il mio lavoro principale, questo mi ha portato a diventare formatore ed a cercare di diffondere sempre più questa fantastica disciplina.

Ringrazio mia moglie, Erandi Munoz, per essere parte fondamentale nei nostri sempre più numerosi progetti nell'ambito dell'elettrocoltura e un grazie di cuore va anche all'enorme sostegno degli appassionati che ci circondano. Siamo contattabili nel canale telegram di cui lascio il link qui sotto. Ci troverete materiale a sostegno della vostra pratica ed un aiuto per chiarire eventuali dubbi.
https://t.me/coltivazionevibrazionale

Yannick Van Doorne

Sono Yannick Van Doorne, ingegnere agricolo laureatosi alla Hogeschool di Gent, in Belgio. Sono nato in Belgio a Geraardsbergen il 28 maggio 1976.

Sono di origini belghe e vivo in Francia, in Alsazia, in una vecchia casa di campagna parzialmente ristrutturata nelle montagne dei Vosgi. Ho dedicato parte della mia vita allo studio nell'ambito della musica e delle piante, dell'elettrocoltura e degli effetti delle piramidi sugli organismi viventi. La mia missione si può riassumere nello sviluppo di applicazioni di elettrocoltura per l'agricoltura e l'orticoltura al fine di consentire l'utilizzo di l'uso di tecniche agronomiche più rispettose della vita e della natura.

Da oltre 20 anni svolgo ricerche sull'influenza delle onde elettromagnetiche, delle frequenze sonore e delle energie sottili sulla crescita delle piante, con l'obiettivo di comprendere meglio e sviluppare applicazioni utili per l'agricoltura. Condivido continuamente le mie invenzioni e conoscenze attraverso video, articoli, libri e gruppi sui social media. Sono completamente indipendente da qualsiasi istituzione ufficiale o grande azienda privata, una scelta opportuna perché cerco di essere libero da compromessi e da forme di corruzione. Questo mi aiuta a potermi esprimere liberamente ed a condividere le mie idee «fuori dagli schemi».

Prendere consapevolezza delle energie sottili e la ricerca della spiritualità sono parte integrante della mia vita. Nel 2000 ho conseguito una laurea in ingegneria agraria e biotecnologie, ma le tecniche industriali mi hanno spesso disgustato a tal punto da spingermi naturalmente a cercare delle alternative più rispettose della natura, che condivido con voi attraverso conferenze e corsi di formazione. Onestà, spiritualità e rispetto sono valori che mi stanno a cuore e sono presenti in tutto ciò che faccio. Dal 2001 ho viaggiato in tutto il mondo per tenere conferenze e workshop per insegnare conoscenze e tecniche riguardanti soprattutto l'elettrocoltura per l'orticoltura, l'agricoltura, il benessere, la salute e la produzione di energia.

Sono l'autore di più di 250 video pubblicati su YouTube e sui social media riguardanti l'elettrocoltura. Sono stati girati a partire dal 2009 e contengono molte testimonianze, contenuti scientifici, esperimenti, corsi e presentazioni. Vi invito a seguirmi per imparare insieme a me! Sono anche l'autore di una tesi di laurea sull'influenza delle frequenze sonore variabili sulla crescita e lo sviluppo delle piante, pubblicata nel 2000, e autore di numerosi articoli sull'influenza della musica sulle piante, dell'elettricità e del magnetismo sulle piante, dal 2000. Da allora tengo conferenze su questi argomenti a coloro che sono interessati a questo ambito e li ringrazio per il loro entusiasmo.

Intervento nel film Résonance di Serge Fretto nel 2010
Impresa Ecosonic Sarl dal 2001 al 2005,
Van Doorne Symphonie R&D Sarl dal 2008
Siti web : *https://www.electroculturevandoorne.com*
https://www.electroculture-university.com

BIBLIOGRAFIA
(Risorse in lingua inglese)

Bartholomew, Alick. *Hidden Nature: The Startling Insights of Viktor Schauberger.* Floris Books, 2004.

Bertholon, Pierre. *De l'électricité des Végétaux*, 1783.

Bracker, Lee. Phil Callahan — *An Interview with Joe Blankenship.* USA: Lulu Publishing, 2010.

Brown, Les. *The Pyramid.* Bancroft, Ontario, Canada: Apex Publishing Company, 1978.

Burke, John. *Seed of Knowledge, Stone of Plenty: Understanding the Lost Technology of the Ancient Megalith Builders.* Council Oak Books, 2005.

Callahan, Philip S. *Insects and How they Function.* New York: Holiday House, 1971.

Callahan, Philip S. *Ancient Mysteries, Modern Visions: The Magnetic Life of Agriculture.* Acres U.S.A., 1984.

Callahan, Philip S. *Paramagnetism: Rediscovering Nature's Secret Force of Growth.* Austin, Texas: Acres USA, 1995.

Christianto, Victor & Florentine Smarandache. "A Review on Electroculture, Magneticulture and Laserculture to Boost Plant Growth," *From Logic to Realism to Brighter Future for Humanity.* East Java, Indonesia: Euonia Publisher, 2022.

Christofleau, Justin. *Electroculture.* Perth, Australia: Alex Trouchet & Son, 1927.

Clement, Mark. *The Waves the Heal: The New Science of Radiobiology.* London, UK: True Health Publishing Company, 1949.

Cruice, Allan. *The Magnetic Pulse of Life: Geomagnetic Effects on Terrestrial Life.* UK: Authorhouse, 2019.

Davis, Albert Roy et al. *Magnetism and its Effects on the Living System.* New York: Acres USA, 1974.

Flanagan, Patrick. *Pyramid Power: The Science of the Cosmos.* Anchorage, Alaska: Earthpulse Press, 1975.

Flanagan, Patrick. *Beyond Pyramid Power: The Science of the Cosmos II.* South Carolina, CreateSpace Independent Publishing Platform, 1978.

Garrison, Cal. *Slim Spurling's Universe: The Light-Life™ Technology: Ancient Science Rediscovered to Restore the Health of the Environment and Mankind.* IX-EL Publishing LLC, 2004.

Hardy, Mary. *Pyramid Energy: The Philosophy of God, The Science of Man.* Michigan: Delta K: 1987.

Hubbard, Charles et al. *Sacred Stewardship: Food Security and Food Quality.* Self-published, November 2007. http://www.sacredstewardship.net. [website accessed April 2023]

Hull, Georges S. *Electro-horticulture.* Knickerbocker Press, 1898.

Ighina, Pier Luigi. *La Scoperta Dell'atomo Magnetico.* Cooperativa Tipografico, January 1954. [Italian: No translation in English has yet been created]

Kelland, Mike E. et al. "*Increased yield and CO2 sequestration potential with the C4 cereal Sorghum bicolour cultivated in basaltic rock dust-amended agricultural soil.*" Global Change Biology 26 (1), March 2020. https://www.researchgate.net/publication/339947603_Increased_yield_and_CO2_sequestration_potential_with_the_C4_cereal_Sorghum_bicolour_cultivated_in_basaltic_rock_dust-amended_agricultural_soil [website accessed April 2023]

Krasnoholovets, Volodymyr et al. *"Real inertons against hypothetical gravitons. Experimental proof of the existence of inertons.»* Cornell University arXiv Archive, 2000. https://www.researchgate.net/publication/2184666_Real_inertons_against_hypothetical_gravitons_Experimental_proof_of_the_existence_of_inertons [website accessed April 2023]

Lakhovsky, Georges. *The Secret of Life: Cosmic Rays and Radiations of Living Beings*. Newport Beach, California: 1939.

Lemstrome, S. *Electricity in Agriculture and Horticulture. London: "The Electrician"* Printing and Publishing Company, 1904. [Mostly about direct electroculture, but the early part discusses natural atmospheric phenomena.]

Maffei, Massimo E. *"Magnetic field effects on plant growth, development, and evolution."* Frontiers in Plant Science, September 2014. https://www.frontiersin.org/articles/10.3389/fpls.2014.00445/full [website accessed April 2023]

Maxence Layet et Roland Wehrlen. *"Electroculture et énergies libres."* Seconde édition 2023. Édition Trédaniel.

Martinelli, Nicole. *"Grape Expectations: Vines May Love Vivaldi."* Wired Magazine (June 28, 2007). https://www.wired.com/2007/06/grape-expectations-vines-may-love-vivaldi/ [website accessed October 2023]

Motloch, Lauren N. *"Effects of Pre-Sowing Incubation within a Pyramid on Germination and Seedling Growth of Phaseolus vulgaris L.,"* MASTER OF SCIENCE (Agricultural and Consumer Resources), August, 2017. https://www.proquest.com/openview/f816c8411bbc7a4afd4f06feff0f76e4/1?pq-origsite=gscholar&cbl=18750 [website accessed October 2023]

Nicholson, Bill. *"Rock Dust, Paramagnetism, and Towers of Power and how they affect plant growth [Experiments]."* Self-published report, 2003.

Paulin, Frère. *De L'Influence de L'électricité sur la Végétation*, 1890.

Quereyl, Martine. *"Electroculture et Plante Medicinal."* PhD thesis, University de Limoges, 1984. [In French as no translation exists]. https://www.worldcat.org/title/electroculture-et-plantes-medicinales/oclc/799235597 [website accessed April 2023].

Radhakrishnan, Ramalingam. *"Magnetic Field Regulates Plant Functions, Growth and Enhances Tolerance against Environmental Stresses."* National Library of Medicine: 2019. https://www.ncbi.nlm.nih.gov/pmc/articles/PMC6745571/#:~:text=The%20pretreatment%20of%20seeds%20by,cap%20cells [Accessed website April 2023].

Rex Research. http://www.rexresearch.com/ighina/ighina.htm [website accessed April 2023] On the inventions of Pier Luigi Ighina.

Russell, Walter. *"The Secret of Light."* Waynesboro, Virginia: University of Science and Philosophy,1971.

Schauberger, Viktor & Callum Coats (ed.) *Nature as Teacher: New Principles in the Working of Nature*. Dublin Ireland: Gill Books, 1999.

Schauberger, Viktor & Callum Coats (ed.) *Energy Evolution: Harnessing Free Energy from Nature*. Dublin, Ireland: Gill & MacMillan, 2000.

Schauberger, Viktor & Callum Coats (ed.) *The Fertile Earth: Nature's Energies in Agriculture, Fertilization and Forestry*. Dublin, Ireland: Gill & MacMillan, 2000.

Shul, Bill & Ed Petit. *The Secret Power of Pyramids*. Dallas, Texas: Fawcett Gold Medal, 1987.

Tavera, Matteo. *La Mission Sacrée*. Paris: Chamarande, 1969. Sacred Mission, 1969. Translated by George Verdon, April 24, 2008.

Tompkins, Peter & Christopher Bird. *The Secret Life of Plants*. New York: Harper Collins (1989).

Tompkins, Peter & Christopher Bird. *Secrets of the Soil: New Solutions for Restoring Our Planet*. Anchorage, Alaska: Earthplus Press (1998).

Van Doorne, Yannick. *Pyramid Energy for Agriculture*. Ranrupt, France: Éditions Isidorus, 2023.

Van Doorne, Yannick. *Basalte et Paramagnetisme*. Ranrupt, France: Éditions Isidorus, 2022.

Van Doorne, Yannick & Derek Muller. *Electroculture Life*. Ranrupt. Isidorus Publishing 2023.

Van Doorne, Yannick. Thesis. *"Influence de fréquences sonores variables sur la croissance et le développement des plantes."* (Influence of variable sound frequencies on the development and growth of plants. Hogeschool Gent, 2000.

Warnke, Ulrich."*Birds and Mankind: Destroying nature by electrosmog.*" Electro-Health Research Institute, November 2007. https://www.electrahealth.com/Birds-Bees-and-Mankind-Destroying-nature-by-electrosmog_df_81.html [website accessed April 2023].

Webster's Dictionary. The World Publishing Company, 1945.